U0176175

取悦自己的无限种可能

温柔的布艺

9种布艺搭配
×
基础知识
×
210种
一眼心动的布料

暮らしの図鑑
～布
[日]生活图鉴编辑部 编
温烜 译
👁 ----------→

cotton

wool

silk

linen

中信出版集团 | 北京

图书在版编目（CIP）数据

温柔的布艺 / 日本生活图鉴编辑部编；温烜译 . —
北京：中信出版社，2023.3
（取悦自己的无限种可能）
ISBN 978-7-5217-5464-3

Ⅰ . ①温… Ⅱ . ①日… ②温… Ⅲ . ①布艺品－制作
Ⅳ . ① TS973.51

中国国家版本馆 CIP 数据核字 (2023) 第 036371 号

暮らしの図鑑 布
(Kurashi no Zukan Nuno: 5981-2)
© 2019 Shoeisha Co., Ltd.
Original Japanese edition published by SHOEISHA Co., Ltd.
Simplified Chinese Character translation rights arranged with SHOEISHA Co., Ltd.
through Japan Creative Agency Inc.
Simplified Chinese Character translation copyright © 2023 by CITIC Press Corporation
ALL RIGHTS RESERVED
本书仅限中国大陆地区发行销售

装帧·设计　　山城由（surmometer inc.）
插图　　　　　鬼头祈
图片说明　　　伊奈麻衣子（surmometer inc.）
　　　　　　　（P59~61, P64~69）
文（PART2）　细井秀美
编辑　　　　　山田文惠

温柔的布艺
编者：　　　　[日] 生活图鉴编辑部
译者：　　　　温烜
出版发行：　　中信出版集团股份有限公司
　　　　　　　（北京市朝阳区东三环北路 27 号嘉铭中心　邮编　100020）
承印者：　　　北京启航东方印刷有限公司

开本：880mm×1230mm　1/32　　印张：7　　　字数：100 千字
版次：2023 年 3 月第 1 版　　　　印次：2023 年 3 月第 1 次印刷
京权图字：01-2023-0826　　　　　书号：ISBN 978-7-5217-5464-3
　　　　　　　　　　　　　　　　定价：72.00 元

序言

构成我们生活的有多种事物。亲手挑选物品可以让我们每天的生活绚丽多彩。

"取悦自己的无限种可能"系列图书甄选精致事物，只为渴望独特生活风格的人们。此系列生动地总结了使用这些物品的创意，以及让挑选物品变得有趣的基础知识。

此系列并不墨守成规，对于探寻独具个人风格事物，极具启迪意义。

这一本的主题是"布"。简简单单的一块布，有时以最朴素的形态，有时以富有变化的模样，出现在我们的衣食住行等种种场景中。翻开这本书，走进包裹着我们生活的柔软、体贴又温暖的布艺世界。

PART 2

让选布变得有趣的基础知识

PART 1

生活因布更美好

让人马上就想入手的 210 种布料

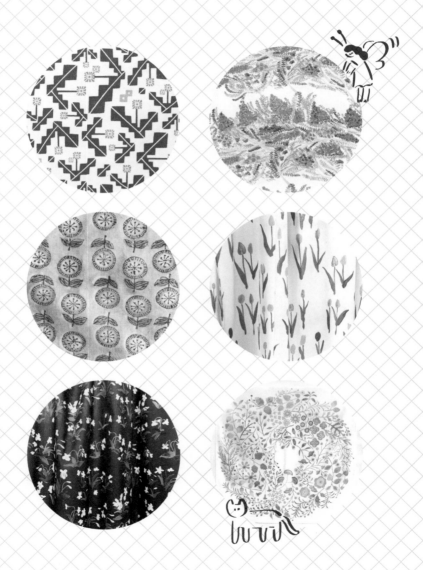

生活因布更美好

布料、衣物、抹布、毛巾……布始终贴近我们的日常生活。本章将介绍一些用布装点生活的灵感。

悬挂

挂上围裙
在厨房的墙壁上，

将日常使用的物件展示出来，它们也能够成为室内的焦点。

譬如，你可以将围裙挂在厨房的墙壁上。如此一来，在需要的时候还能够更方便地取用。

因此，当你想要挑选一条围裙时，可以在功能性之外考虑自己喜欢的面料和质地，选一条与室内风格相匹配的。平常不用的围裙也别收起来，试试将它们都挂在墙上吧！就算这样使得墙上没有多余的空间挂其他杂货，你也会发现室内发生了一些微妙的变化。

第 12 ~ 15 页　监制 / 造型：三津友子　照片：安井真喜子

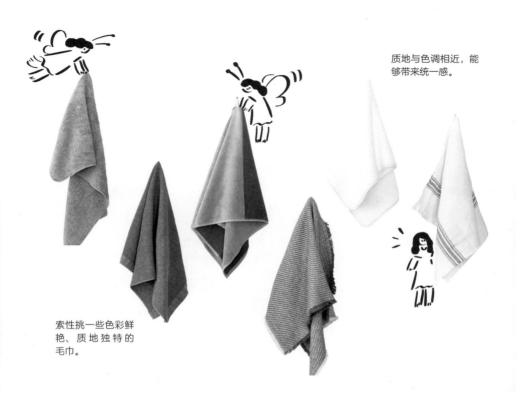

质地与色调相近，能够带来统一感。

索性挑一些色彩鲜艳、质地独特的毛巾。

将亲肤质感的毛巾挂起来

要说家家户户每天都会用到的布制品，非毛巾莫属了。洗手间、厨房……不止一处会用到毛巾。

将毛巾挂在挂杆上自然是最常见的做法，但是更推荐将它们挂在 S 形挂钩上。这种悬挂方式能够让毛巾在展现其独有的柔软质感外，增添立体感。

正因为毛巾是自己爱用、每天都会用到的东西，所以更应该在放置方法上多下些功夫。

悬挂

在沙发上搭一块自己喜欢的布，为房间增添一抹季节感。

将小块的布随性搭在沙发上，也是个不错的法子。

布料不只能装饰室内，外出时将它盖在藤编提篮上，既可以遮挡所盛之物，也是一种装饰。

将布搭在室内，增添观赏性

大件家具给人的印象通常比较刻板，难以改变。这时候试试在家具上搭块布吧！不必挑选能够盖住整个沙发的尺寸，普通的挂毯或者毛毯即可。

在沙发上铺毯子时，可以配合沙发的尺寸，将毯子的一角折起来，这样看起来会整洁许多。

悬挂

手帕还可以
当作熨斗垫布

手帕不仅能用来擦手，还能用来做熨斗垫布——在熨烫其他东西时，顺便把手帕给熨了，可以说是一举两得。用手帕做熨斗垫布，还能够控制熨烫温度，有效地防止过度熨烫。

将手帕作为熨斗垫布时，需要将熨斗调节至适合棉或麻等材质的温度，然后在手帕之上放熨斗，这样就可以将它当作垫布使用了。用旧的手帕也可以哦。

第 16 ~ 17 页　协助：HTOKYO

重型熨斗可以依靠自重顺畅地熨烫。

在熨烫时使用亚麻香型的香水，可以为熨烫的物品熏上自然的香味。

装点

不寻常的纹样，也能自然地融入生活

北欧品牌的织物因大胆的纹样与鲜艳的色彩独具魅力。

可以说，一张材质、尺寸皆符合自己审美的墙挂布是房间中必不可少的装饰品。在房间里装上挂毯杆，挂一张挂毯也是不错的选择。

如果这张挂毯与房间中的其他小件布制品十分协调，就完美了。

花纹式样具有过强冲击力的窗帘，也能够以这种形式自然地融入空间。

第 18 ~ 21 页　协助：FIQ

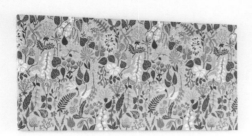

如果房间大，可以选择大一些的
墙挂布板。

淡色调的墙挂布适合
各种房间。

干脆试试颜色鲜亮的
墙挂布吧!

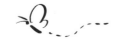

装点

用布料装饰小物件

如果你感到用布料来装饰大物件有点难以下手，可以从小物件入手。

从最简单的靠枕和灯罩入手，学习用布料装饰物件。靠枕是最适合点缀房间的物件，既实用又可以通过换应季的枕套来为房间增添一些季节感。如果是日式房间，用布料来装饰蒲团垫也不错。

布制灯罩适用于台灯。装饰靠枕时，最好挑选与灯罩颜色、纹饰相配的布料。

从小型台灯入手，学习用布制品装饰空间的艺术。

挑选鲜艳的颜色，会让房间也变得明亮哦。

将中意的布料或者手帕用画框装裱起来。

22

享受不同风格的布料装饰

　　试着将在中古店买到的布料或者可爱的手帕等裱进画框里吧!正因是珍视的物件,所以就这么收起来实在是太浪费了。

　　当你环视房间,看到一块自己喜欢的布料,心情一定会瞬间变得愉快。

　　有些碎布片,如果觉得扔了可惜,也可以装裱起来。北欧风格纹饰的布料,能够让房间风格瞬间变得明快。可以试试将两种图案的布料组合起来装饰房间。

第 22 ~ 25 页　监制 / 造型: 三津友子　照片: 安井真喜子

可以用布来装点装饰架。使用
毛毯或围巾来装点，是不错的
选择。

通过质感与纹样
营造季节感

用杂物来装饰架子、书架、餐柜等，屡见不鲜。

其实，可以试试用一些布料来装饰，譬如说毛毯、围巾等。比如冬季用厚重松软的布料，这一点点心思就能营造出不同季节的氛围。

布娃娃之类的布制品自不必说，还可以用手帕、围巾等垫在小物件下面。

将厨房毛巾叠放，放在一眼可见处。在其中放一块红色或者青色的毛巾，它将成为焦点。

25

铺陈

将不同布料拼接起来

印度风格的拉利拼布（Ralli Quilt）以数张薄布拼在一起，施以刺绣花饰。在印度、巴基斯坦、孟加拉国等地，这种工艺制作的毯子随处可见。

这种毯子常用旧纱丽制作，因此也被叫作"回收纱丽"或"破布毯"。针脚或整齐或散乱，但都有一种温暖且惹人喜爱的感觉。

在房间里铺上一张中古的绣毯，每当看到它，就仿佛能够感受到制作人一针一针细致缝纫的良苦用心，让人感受到手工的温度。

第 26 ~ 29 页　协助：m's 工房

从华美到朴素，拉利拼布有各式各样的花纹和颜色。

在印度西孟加拉邦，人们洗完拼布毯，正在晾晒。

铺陈

铺陈

日常餐桌
也可以变得华丽

你是不是依然认为，只有特别的日子里才需要用上桌布或者餐桌巾（也叫台心布）呢？

试试在再普通不过的日子里也铺上一块桌布吧。甚至不用铺专门的桌布，铺一张刚买来的普通布料就可以。铺一块旅行时买来的桌布，或者一块充满回忆的布料，这会让我们每天习以为常的餐桌变得有些许不同。

只需要铺上一块拥有明亮色彩或纹饰的桌布，就能让餐桌变得华丽起来。

色调自然的桌布，搭配一块
质感相同的小砧板。

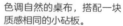

用一块充满回忆的桌
布，每当你使用餐桌
时，都会想起关于旅
行的点滴。

第 30 ~ 31 页　监制 / 造型：三津友子　照片：安井真喜子

包裹

在生活中享受风吕敷的乐趣

自古以来，人们就习惯于将各种东西包起来。从前，做买卖搬运东西时，或者旅行打包东西时，人们都会用上风吕敷[1]。

虽然现代人已经习惯随手用纸袋或者塑料袋装东西，但是风吕敷能够叠成粉底盒大小，还能够以各种方法包裹或者打结，这是它的独到之处。

试试用最常见的方式开始使用风吕敷，让它走进你的生活吧。传统的风吕敷会给人一种过时的印象，但如今市面上风吕敷的图案和材质变得丰富多彩。根据使用场景，选一款适合自己的吧！

第 32 ~ 35 页　协助：梦须美

1. 日本的包袱皮、包装布。——译者注

牛仔布制成的风吕敷
既柔软又结实，甚至
能够用来做靠枕套。

风吕敷还可以作为零
钱包，用来装钥匙和
手机，让背包变得更
整洁。

包裹

绣着喜庆和结缘图案的风吕敷，尤其适合包裹贺岁之物和礼物。

一张风吕敷上有着多个图案，包裹和打开的时候都能感到快乐。

包裹的东西大概占风吕敷对角线长度的 1/3。

用风吕敷包裹住特殊日子的喜悦

在值得纪念的日子用特殊的风吕敷，能带来在节日该有的喜悦心情。

对于日本人来说，红白相间的颜色是能够让人联想起庆典的特殊色彩。因此，在日本可以使用红白相间的风吕敷来包裹节日的贺礼，赠送他人。

此外，绣有喜庆吉祥图案的或者与结缘相关图案的风吕敷，也是个不错的选择。

在送礼物时，一边考虑对方的心情，一边选择布料的图案与色彩，然后用心地包裹，这个过程本身就是一种享受。

作为礼物

直接将手帕打包，

手帕、手绢等小块布料可以用来包东西。当然，你也可以直接将它整理打包，作为礼物。考虑对方的喜好，选择一条合适的手帕或者手绢，本身就是一种乐趣。如果你收到这样的礼物，不要直接扔掉，将它利用起来是件非常开心的事。

布制品的特别之处在于柔软质感，而布纹的质感更让它独具暖心的功效。用绳子或者发圈固定手绢，再将布料一端绑起来，营造立体感，就算不用礼物丝带，这份礼物也足够漂亮。

第 36 ~ 37 页　监制 / 造型：三津友子　照片：安井真喜子

用布袋做靠枕套

不知不觉间，环保袋或者买书时赠送的布袋之类就会攒了一堆。不妨试试将其中的一些做成靠枕套吧，再将靠枕塞进去就大功告成了。这样一来，就可以省下许多买靠枕套的时间和钱，轻松拥有多款靠枕套。

放进去的靠枕最好比靠枕套稍大，这样就能更好地适配。将靠枕塞进去后，再考虑哪面朝外，哪面朝里，将提手等多余的部分塞进靠里的那一侧，接着调整一下形状，一个漂亮的靠枕就做好了。

包裹

愉快地度过午餐时光

　　除了擦手，手帕最大的用处就是包便当盒了。用手帕包便当盒时，推荐选择尺寸大一些的，这样无论什么型号的便当盒都包得下；最好选择厚款，比较结实的材质，万一水汽渗透出便当盒，也不会造成太大困扰。若用一条你喜欢的手帕包便当盒，在午餐时将它拿出来代替桌布，午餐时光会变得非常美妙。

　　那么，明天你准备用哪种图案的手帕来包便当盒呢？

第 38 ~ 39 页　协助：HTOKYO

包便当盒的时候，手帕的角要对准便当盒的对角线，这样就能轻松地将便当盒捆起来，打一个漂亮且赏心悦目的结。

打包的手帕还能够当作餐桌布或者餐具垫。

用一块背面也有花纹的双层纱布手帕包便当盒，能让你在打开时收获更多快乐。

包裹

将喜欢的丝巾
变成纸巾盒套

如果你有一条好久没用的丝巾，就试试换种方法来使用吧！

你可以将它变成纸巾盒套，用来包纸巾盒。如果你有一条喜欢的丝巾，但是很难搭配戴出去，那不如试试将它变成室内装饰的一部分，让房间变得更华丽。

丝巾一般比较宽大，只需要把展开的丝巾折起来打个结，就可以当成纸巾盒了，换起来也很方便。

不过，如果这条丝巾是丝绸材质，请注意丝绸延展性好，很容易拉开，不能太过用力地拉扯它。

协助：大池那月

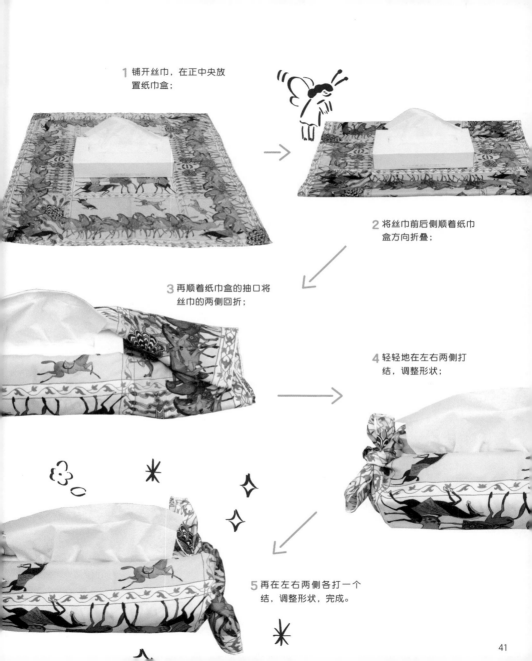

1 铺开丝巾，在正中央放置纸巾盒；

2 将丝巾前后侧顺着纸巾盒方向折叠；

3 再顺着纸巾盒的抽口将丝巾的两侧回折；

4 轻轻地在左右两侧打结，调整形状；

5 再在左右两侧各打一个结，调整形状，完成。

擦拭

适合用来擦手的手帕有什么特点？

我们每天都会用手帕擦手，其实，适合擦手的手帕也有其特殊的材质和功能要求。

首先是吸水性，重点是吸水的多少和速度。编织手帕时所用线的材质、粗细以及针脚的密度决定了手帕吸水性的优劣。一个判断方法是拿起手帕看下张力如何。张力好，说明手帕织得细密，线材也用得更多。

第 42 ~ 45 页　协助：HTOKYO

其次是厚度和尺寸。双面棉帕，顾名思义，是用两块棉布叠在一起织成的，手感扎实，能够用力擦拭。尺寸较大的手帕同理，手帕越大，能够擦拭的地方也越大。

不过，过大或者过厚的手帕直接揣进兜里会显得过于笨重，因此，根据当天穿的衣服，选择合适的手帕也很重要。

尤其是天气比较炎热的季节，容易出汗的人或者经常擦手的人，还是随身带两块比较薄的手帕更好。

亚麻手帕
不仅适合夏天

最常见的手帕材质是棉，但最优质的手帕材质其实是麻。麻的吸水性是棉的四倍，还更容易晾干。不过麻布的价格要比棉布高，也更容易变皱。

麻拥有独特的清爽质感，用久以后会变得更柔软。麻布手帕适合在任何季节使用。

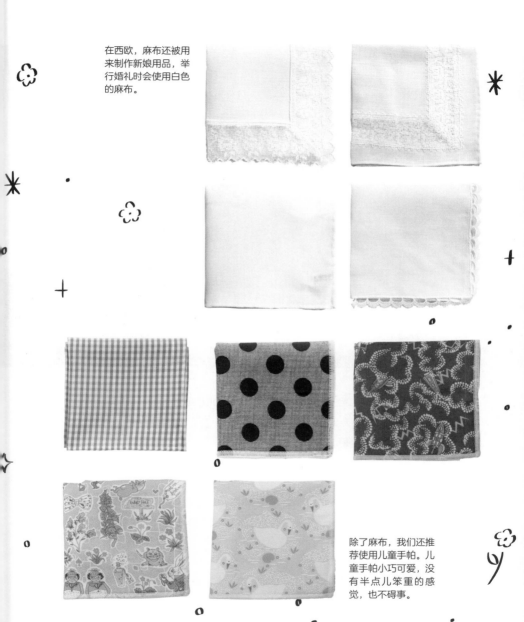

在西欧，麻布还被用
来制作新娘用品，举
行婚礼时会使用白色
的麻布。

除了麻布，我们还推
荐使用儿童手帕。儿
童手帕小巧可爱，没
有半点儿笨重的感
觉，也不碍事。

擦拭

亲肤的
厨房毛巾

　　最实用的布制品，才是最应该挑剔的。正因为厨房毛巾每天都会用到，所以更应该选择亲肤材质的。

　　麻制厨房毛巾韧性强，适合长期使用；正因为干得快，所以优点是纤维中不容易残留杂菌；又因为表面的毛很短，特别适合用于擦拭餐具，能够将杯子等擦得锃亮。

　　如果用洗衣机清洗，厨房毛巾在清洗过后可以用力拉一拉，撑开起皱的部分，再晾干它。如果买的是深色厨房毛巾，最初几次清洗时需要注意掉色的问题。

第 46 ～ 49 页　监制 / 造型：三津友子　照片：安井真喜子

也可以试试用快干的短毛款手绢
做厨房毛巾，既可以用来擦拭餐
具，也可以用来擦手。

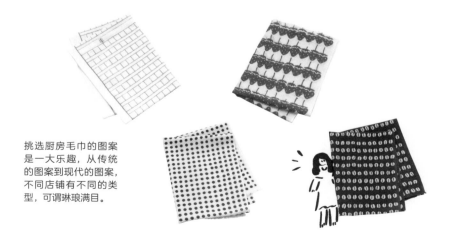

挑选厨房毛巾的图案
是一大乐趣，从传统
的图案到现代的图案，
不同店铺有不同的类
型，可谓琳琅满目。

擦拭

做抹布
剪裁旧布料

你可以试试将穿旧的 T 恤或者用久的厨房毛巾剪成合适的大小，用来做抹布。将它们收纳进玻璃罐中，缤纷的色彩不只给人带来视觉享受，而且很方便，随手抽出一条就能使用，可以用来擦拭水渍或者炉具上的油污。

正因为是喜欢的布料，所以更应该发挥它们的全部价值。用这种抹布，还能够减少厨房纸巾等一次性用品的使用，绿色环保。

感受下日常使用的毛巾的质地。
譬如华夫格毛巾，不仅外表可
爱，而且在擦拭手时能给予你不
一样的乐趣。

将三角形的布
拼缝起来

"绗缝"是一种将两张薄棉布组合缝制的缝纫技巧，拥有悠久的历史，作为女红的一种，在世界各地都有类似的工艺，技法多样。在日本，人们最熟悉的是用两块小布料拼接缝制的工艺。

"SANKAKU QUILT"是一家由两位设计师创办的小型工作室，他们擅长将裁剪成三角形的布料拼缝起来，制作出流行且融入现代生活的绗缝制品。

将三角形组合起来，能够拼成各种各样的图样。

第 50 ~ 53 页　协助：SANKAKU QUILT

将剪裁成三角形的布
料组合起来，开始一
针一针地缝制吧！

将你喜欢的图案和颜色进行搭配，尝试制作吧。

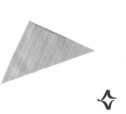

SANKAKU QUILT 致力于将多彩的布料裁剪成三角形，然后缝制成新的布制品。

将许多布料进行拼接缝制，能够制作出大型作品。

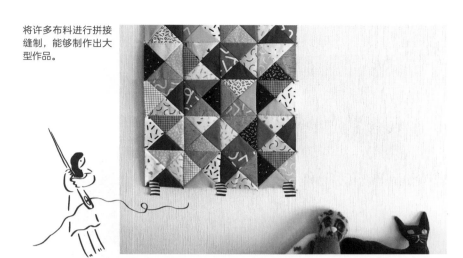

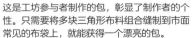

这是工坊参与者制作的包，彰显了制作者的个性。只需要将多块三角形布料组合缝制到市面常见的布袋上，就能获得一个漂亮的包。

缝制

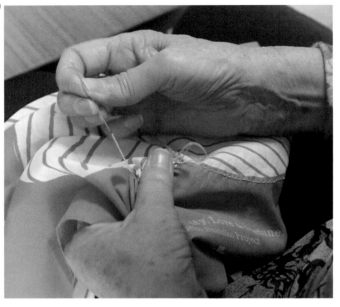

以刺绣工艺推动地方复兴

刺绣是一种传统的缝纫工艺，或以布料层叠编缀，或以针刺缝制。在日本，为了能够长期使用同一块布料，人们会反复缝制、修补，刺绣便是在这种背景下发展起来的。为了抵御严寒，日本东北地方将数块布料叠在一起缝制的刺绣法广为流传。

大槌町是日本岩手县的一个小镇，在这里的一处避难所中，人们启动了"大槌复兴刺绣项目"。为了推动地方复兴，大槌町的女性热情满满地投入这项工作中。

第 54 ～ 57 页　协助：大槌复兴刺绣项目

54

大槌町的标志——"蓬莱岛"是一座形似葫芦的小岛，据说是木偶连续剧《葫芦岛历险记》中葫芦岛的原型。

这是以蓬莱岛为主题制作的布料，以刺绣工艺绣出葫芦的形状。

这是刺绣者使用的针具。来自项目资助者的捐赠，一直被用心地使用到今天。

照片：t.koshiba

『手工作业』的体贴与富足感

大槌复兴刺绣项目于 2011 年 6 月正式启动，失去工作的母亲、正值盛年的年轻女性，以及许多终日躺在避难所的老太太，怀着地区复兴的美好愿望，一针一针地织起来。

她们倾注自己的心血，一针一针地"亲手绣制"。在如今这个信息爆炸、讲究速度和效率的时代，这种"手工作业"更能制作出丰富人们生活、给内心带来富足感的体贴物件。大槌复兴刺绣项目不仅提供成品，而且出售供人们自己刺绣的底布。买一块底布，自己尝试着绣出一件东西，或者做出一件日常随手可用的物件吧。手工艺能够带给你温暖。

刺绣的图案，从左起依次是"十字花纹""米字纹"，最右边是原创的图案。

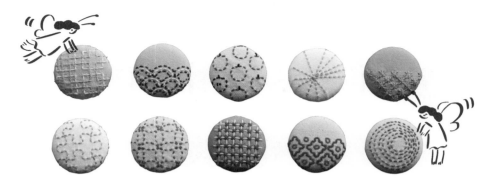

绣上传统图案的布纽
扣是日本最具人气的
商品之一。

各种图案和尺寸的手
袋，在日常生活中会
经常用到。

用披肩
演绎自己的风格

　　在人们的印象中，披肩通常是冬季才会用到的物件。不过只要换一种材质，它就有可能成为四季通用的装饰品。适用的季节与图案、颜色也有关系，总体来说，棉质披肩适合在一年中的大部分时间穿戴，而夏季披一条麻质披肩，则会带来清凉感。

　　只需要将披肩简单一缠，就能够给普通的衣服添一抹不同的颜色。如果恰好是一条自己喜欢的披肩，更能增添几分华美的氛围感。甚至不需要去学习一些复杂的缠法，只需要记住几种每天都能轻松缠好的方法，就足够方便。

第 58 ~ 71 页　协助：大池那月

方便记住的
披肩与围巾的缠法

披肩的缠法 **1**

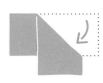  

1 将长款的披肩展开，捏住右上角，将角叠向正中间；

2 握住披肩两端，从身前披上肩膀，在脖子后面打结；

3 将披肩向侧面移一些，整理一下。

披肩的缠法 **2**

1 披肩挂在脖子上，将内侧的两个角打两次结，固定住；

2 翻转披肩，卷成"8"字形；

3 像戴帽子一样，将打的结移到脖子后侧，整理造型。

这种缠法特别适合羊毛等材质较厚的披肩，能够缠出漂亮的造型。

缠绕

1 将披肩从前方挂在脖子上，绕颈一周；

3 再将左端从步骤 2 拉出的圈中穿过；

2 从披肩圈内侧将右端拉出来一些；

4 整理形状，这种缠法也叫作"米兰卷"。

披肩的缠法 **4**

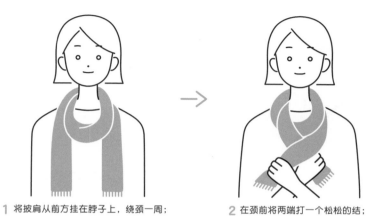

1 将披肩从前方挂在脖子上，绕颈一周；

2 在颈前将两端打一个松松的结；

3 整理一下。这种缠法也叫作"纽约卷"。

缠绕

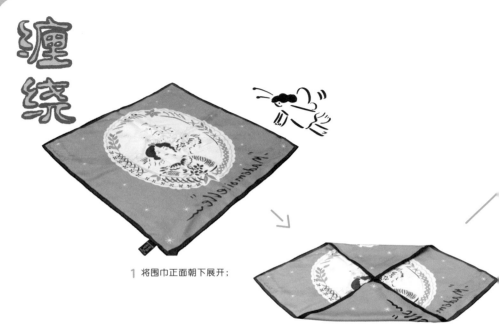

1 将围巾正面朝下展开;

2 将上下方的两个角朝中心折起来,
各折一半即可;

基础『斜折法』

　　缠围巾或者方巾的时候,有一个知道后会方便很多的方法,叫作"斜折法"。顾名思义,斜折即倾斜或偏折的意思,因为相对于织物,是斜着将围巾或者方巾折起来,所以称为斜折法。

　　这种方法也可以用来折方巾,请大家一定要学一下。

　　除了斜折法,还有以对角线为轴折成三角形的折法,以及将围巾折成波纹状的褶皱折法等。

3 将上侧再折一半，下侧也同样处理；

4 再将上侧折一半，下侧也同样处理。

完成。其他尺寸的围巾也可以用这种方法来折叠。

缠绕

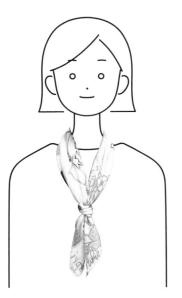

围巾的缠法 **1**

1 在用斜折法折好的围巾一端打一个结，固定；

↓

2 将围巾挂在脖子上，将另一端从步骤1中打的结上方穿过；

↓

3 拉动围巾的一端，使两端等长，整理一下。

巧用围巾
让脖颈成为焦点

觉得脖子处有点儿空落落，或者有点儿冷时，便缠上一条围巾吧。搭配朴素的上装，一条围巾便能够让你的脖颈成为焦点。从边长 40~50 厘米的小方形到边长 90~100 厘米的大方形，不同尺寸的围巾应有尽有，能够涵盖各种使用场景。

围巾的缠法 **2**

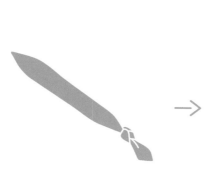

1 在用斜折法折好的围巾一端打一个
  结，固定；

2 将围巾挂在脖子上，将另一端从步
  骤 1 中打的结下方穿过；

3 拉动围巾的一端，使两端
  等长，整理一下。

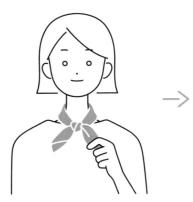

1 将用斜折法折好的围巾挂在脖子上，
再打两次结来固定；

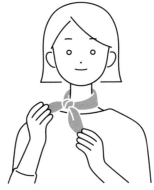

2 将打结处向颈部后方移动，围巾变
得像项圈一样；

3 搭配圆领上装，围
巾上的图案少一些，
看上去也很棒。

围巾的缠法 **4**

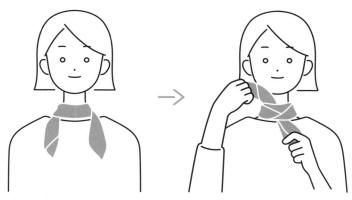

1 将用斜折法折好的围巾从前方挂在
脖子上，绕颈一周；

2 用两端打一个结，将一端从缠好的
围巾下方伸出；

3 轻拉下端，调整两
端长度。

1 将围巾折成三角形，要缠到脖子上的部分稍微向内侧折叠；

2 将步骤1中折好的围巾挂在脖子上，绕颈一周；

3 将围巾三角形部分下侧的两端打结；

4 将打好的结藏在三角形部分下方，整理形状。即使打的结露出来，也没有问题。

打结

将斜折的围巾缠到手腕处能够显出可爱的气质。

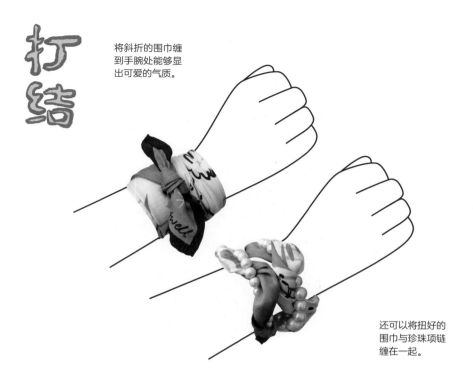

还可以将扭好的围巾与珍珠项链缠在一起。

凭感觉使用各种装饰品

喜欢的围巾当然会想要时刻戴在身上。如果你有这种需求，可以将围巾当作项链或者手环使用。

既可以单独用围巾或者手帕，也可以将它们与项链、腕带等组合起来使用。不妨将斜折的围巾像头巾一样缠起来，或者当作帽子的丝带捆起来，又或者当作腕带。

物品的用法并非一成不变，按照自己的喜好利用起来吧！

打结

让手提包大变身

丝巾也可以

斜折的丝巾是万能的，将它系在包上，瞬间就能制造出一个抢眼的焦点。如果你很少穿纹样复杂的衣服，推荐你尝试用小一点儿的丝巾做饰品，能够不着痕迹地为整体穿搭增添亮点。

根据季节挑选合适的围巾材质或图案，如此一来，你就能轻松地营造出季节感。

不过需注意丝巾容易起皱，并且过度拉伸容易受损，所以使用丝巾包提手时请注意不要将它们系在延展性强的包上。

1 将斜折以后的围巾一端系在提手上；

2 一边将围巾缠在提手上，一边注意
调整松紧；

3 缠完以后，将另一端也系在提手上，调整
造型。

也可以随手将斜折的围巾
系在提手上。

把蕴藏回忆的
碎布系起来

相信许多人都有过这样的经历：只要是喜欢的布料，即便再小也很难下决心扔掉，如此一来，不知不觉间就攒了一堆。

如果你也有这种困扰，可以试试用它们代替丝带，给自己或者孩子的布娃娃、花束系上一条。通过图案与质地的搭配，还能够营造出季节感。

请根据布娃娃的质地和颜色选择布料，尤其是为孩子挑选时，可以用平常给孩子制作"幼儿园套装"¹剩下的布料，这样能够唤醒孩子对幼儿园的回忆，让他们更爱不释手。

---

1. 通常指为幼儿园孩子准备的手提袋、鞋袋、抽绳袋等布艺品。——编者注

用碎布固定干花茎部。

用家中不用的碎布包装一下鲜花束的茎部，能够让鲜花束变得更可爱。

第 72 ~ 73 页　监制 / 造型：三津友子　照片：安井真喜子

手提

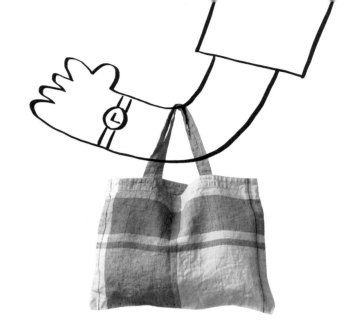

亲肤的亚麻包

亚麻，在古代就因为亲肤的特性被广泛使用。

使用立陶宛产的亚麻制作的布包，光是摸一摸，你就会爱上它。蓝、黄、粉、绿，精致的色彩搭配让人心情明媚。

水洗一次，亚麻制品就会变得更柔软，还会随着使用时间的变长而变得越来越亲肤，并且结实耐用，在家也能洗涤。在每日使用中，感受亚麻带来的轻松。

亚麻包，一种仅靠质感就能让人感到喜悦的包。

第 74 ~ 75 页　协助：LIno e lina

这是一款由明快的条纹纹样搭配黄色可爱提手的双面包。

浅底包容易取出东西，特别适合在日常生活中使用。这款背包也是双面可用的设计。

柑橘系色调是这款包最大的特色。它可以叠起来放进书包里。

格子图案可以作为日常搭配的主要元素。这款包同样是双面可用的设计，包翻过来后是与提手同样鲜艳而朴素的颜色。

手提

风吕敷也可以手持

　　风吕敷的用法因人而异。风吕敷虽然只是一块简单的布料，但根据包裹的东西不同，它可以变成各种模样。

　　风吕敷本身可以作为包袱来包裹物件，但我还是推荐你从与普通的包搭配使用入手，来学习风吕敷的用法。

　　用风吕敷包住藤编包的外侧，再将两个角各自在提手处打结。风吕敷可以当作包套，在日常生活中使用。使用具有防水功能的风吕敷，在雨天也不需要担心。

第 76 ~ 77 页　协助：梦须美

将风吕敷放进藤编包中，只需要将将对角打结，就可以遮挡包里的物品。

用风吕敷包住折叠伞，然后将它缠在手提包外侧。

将风吕敷铺在购物篮里，再将购买的物品放在上面，将邻近的角打结，一个环保袋就做好了。

风吕敷还可以当作旅行的辅助包，将其系在旅行包的顶部，就能够轻松地携带。

PART 2

让选布变得有趣的基础知识

我们在挑选布料时需要考虑原材料、编织方式、染色技法、布料种类等，接下来介绍一些希望大家了解，且了解后会提供便利的布料基础知识。

布的种类

虽然所有布料都称为布，但是根据制作方法的不同，布也分许多种。"先染布"是在编织之前将经纬线染好色，再进行编织的布料。此外，还有将织好的布料通过刺绣等工艺进行装饰的"加饰法"。

纺织品

指将线通过纵横交织的方法编织而成的布料，通常通过织布机来进行作业，线的原材料、种类、粗细及编织方法等决定了织物的特征，常见材质有棉、绢、毛、化纤等。在不同的国家或地区，有着许许多多不同的传统编织工艺。

染织品

指使用化学或者天然染料（植物的叶、根、茎、果实等）进行染色的布料。其中，使用天然染料的工艺时需要煮材料，十分费工夫，但染出来的布料更有自然质感。先将布料织好再染色的工艺被称作"后染"。

AMIMONO

SOMEMONO

ORIMONO

针织物

使用棍子或者针，将线、毛线或绳子等连续交叉编织制成。蕾丝就是针织物的一种。针织物的吸湿性好，另一方面是透气性和弹性也很棒，经常被用来制作毛衣、帽子、围巾等。

其他

既不使用编织工艺，也不使用针织工艺制成的布料被称作"无纺布"（也叫"不织布"）。无纺布是通过黏合剂或者热处理等方式，使得布料纤维自动组合、延展成平面状，最常见的无纺布有毛毡及摇粒绒。无纺布具有弹力好、透气性好且不易磨损、不易起皱等优点。

布的原材料

在这里，为大家介绍一些布的原材料的相关知识。布料的质感、触感乃至特性，都因原材料的不同而不同。

天然纤维

　　指没有通过化学手段加工过的纤维，根据原材料的不同又分为植物纤维、动物纤维和矿物纤维。植物纤维的代表有棉、麻等。在日本，人们使用麻的历史非常悠久，而棉布取代麻布走进寻常人家的生活，变得像现在一样普及，则是江户时代的事情了。动物纤维则有绵羊、兔子、山羊、骆驼等动物的毛制成的毛布和用蚕丝纺织而成的丝绸两种。矿物纤维主要指石棉。

化学纤维

　　化学纤维是人工制造而成的，主要包括人造纤维、铜铵纤维等再生纤维，以及醋酯纤维等半合成纤维，还有锦纶、涤纶等合成纤维。

　　再生纤维以纤维素等天然聚合物为材料制作而成，而半合成纤维采用天然纤维通过化学作用制成，合成纤维则使用石油、石墨等制成。近年来，使用红薯等为原料的化学纤维也越来越多见。

混纺

　　指将天然纤维与化学纤维混合编织制成的布料。混纺布拥有单一纤维布料所没有的质感、功能和特性。

　　以棉与涤纶、毛料与腈纶等组合为代表，混纺布料一般会将各种材料所占的百分比注明在标签上。此外，使用不同的天然纤维进行混纺的技术很有难度，因此仅有几种。

天然纤维的种类

棉

　　在日本，棉也叫作木棉[1]，棉花种子周围的纤维能够编织成线。在很长一段时间里，日本都依赖于从中国或朝鲜进口棉，直到安土桃山时代，日本棉产业才渐渐发展起来，棉在江户时代成为日本平民百姓服装中最常见的材料。棉具有非常好的吸水性，染色方便且耐热，可反复洗涤，吸水以后甚至变得更结实。

1. 日文中的木棉不是中文所说的木棉树。——译者注

麻

　　使用苎麻、亚麻等植物表皮内侧的纤维制作而成。在其他国家，麻有亚麻和苎麻之分，而在日本，两种都被称为麻。

　　麻布的透气性非常好，上身有独特的凉感，因此经常被用来制作夏季衣物。麻布非常耐用，不过水洗之后可能会缩水、起皱或者掉色。

丝绸

　　将蚕茧煮软后，抽出茧丝纺成的丝线被称作"生丝"。生丝表面富有光泽，蚕丝粗细均匀，属于上品。

　　如果蚕茧开孔后再煮软抽丝，制成的丝线叫作"绸丝"，绸丝更粗而有节，具有较强的保暖性。

　　丝绸有轻柔、舒适、保暖性强、吸湿性强等优点，美中不足是不适合浸水且不耐热，是日本唯一的原产动物纤维。

毛

　　虽说山羊毛或者驼毛统称毛，但是说起毛，一般特指羊毛。

　　因为原材料中有一定油脂，所以羊毛具有不错的防水性。羊毛制品最大的特点就是其保暖效果和柔软的触感，此外，它还具有非常好的弹性和延展性。其缺点在于容易被虫蛀，易起毛球，洗后容易缩水。

化学纤维的种类

涤纶

涤纶与锦纶、腈纶并称三大合成纤维，是化学纤维中产量最大的。其原材料有三种，分别是化学燃料、植物（玉米）及微生物。涤纶形态稳定，吸水性不强，沾水后很容易晾干，不需要熨烫。

锦纶

锦纶耐摩擦，具有良好的弹性和延展性，不易开裂，经常用于制造轮胎及降落伞。锦纶容易染色，经常被染成鲜艳的色调，但是长期暴露在阳光下会发黄，需要注意。

腈纶

腈纶轻柔而亲肤，是一种温暖且轻巧的布料。其拥有与羊毛相似的特点，除了用于制作衣物，还被广泛运用于制造寝具、室内家具。丙烯腈含量在 85% 以上就被称作腈纶，含量在 35%~85% 被称作腈纶系。

经线与纬线

将线与线编在一起，制成布料

第 80 页中提到，布料是"将线通过纵横交织的方法编织而成的"。

在织布时，首先需要将经线在织布机上撑开，再通过织布机将纬线不断地交织进经线，就能够织出布料。通过改变织布的方法以及经纬线的材料，就能够织出不同感觉和花纹的布料。

仔细观察一下织就的布料，你会发现它们是由线与线细密地呈直角不断交织而成的。布料上，纵向分布的是经线，横向分布的是纬线。

织物组织的分类

根据布料经纬线不同的组织方法，织物的基本组织大体可以分为三种。经线纬线交织形成的状态被称作"经纬组织"，这里介绍的三种织物组织被称作"三原组织"，再加上能够织出网状面料的"二重组织"，并称为"四原组织"。

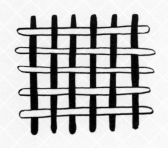

平纹组织

　　指将经线和纬线简单交错织成的基本形态。交叉点多，织成的布料结实牢靠。平纹组织不适合用来编织厚布料，因此采用平纹组织的一般是较薄的布料。在挑选线材和线材的组织方法上下功夫，还能够织出凹凸和纹理。

斜纹组织

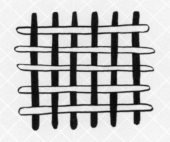

　　指一根纬线对应多根经线的织法。这种织法，交叉点看起来像斜的。与平纹组织相比，斜纹组织织出的布不太耐摩擦，适用较粗的线材，能够织出厚而柔软的布料。牛仔布和粗花呢布都属于斜纹组织。

缎纹组织

　　也被叫作"朱子织"，缎、驼丝锦、威尼斯缎都是缎纹组织面料。因为经线和纬线的交叉点少，所以料子的表面光滑而有光泽。礼服、女式衬衫的内里经常采用这种组织的面料。缺点是不耐摩擦，用力拉扯容易损坏布料。

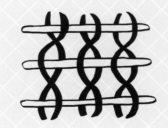

平纹组织的种类

细平布

　　这类布料有些透明的感觉，质地细腻，质感亲肤，常用于制作夏季的女式衬衫。过去，这类布料中最常见的是高级的轻薄麻面料，如今也有棉面料。市面上出现了许多兼备柔软度与丝绸般光泽的棉质面料。

府绸

　　在美国，这类布料被称作"broad cloth"，在英国则被称作"poplin"。这类布料的延展性比较一般，但是具有良好的舒适度和耐磨性，经常被用于制作衬衫及围裙等需要每天清洗的衣服。因为棉容易缩水，所以在挑选这类衣服时最好选府绸与化学纤维混合制作的。

帆布

　　帆布中比较主流的是采用较粗的棉线或麻线织成的厚重布料，但也有用丝绸或者化学纤维织就的。除了用于包、鞋子、油画布等，顾名思义，还经常用来制作帆船的帆。

缩缅

　　表面有细小纹路的丝绸类织物的总称，以和服的代表素材而广为人知。在日常服饰的运用中提到缩缅，一般指绉绸。在日本，人们一般把绉绸和具有独特纹理的缩缅分开使用。

斜纹组织的种类

华达呢

　　华达呢最早是博柏利公司的标志。早期的华达呢采用毛线做经线、棉线做纬线，经高密度编织而成，织成的布料表面会显露出清晰的纹路。华达呢现在会使用包括化学纤维在内的多种纤维编织，多用于制作大衣或制服。

牛仔布

　　牛仔布最广为人知的用途就是制作牛仔裤了，这是一种厚实而实用的布料。牛仔布的背面呈大面积白色，这是因为在编织牛仔布时，经线使用有色线，纬线使用白线，而且采用斜纹组织。牛仔布经摩擦或者多次水洗后，纬线会露出表面，水洗能够使这种布料焕发一种独特的风格。据说牛仔布的外文名"denim"来自法国南部城市尼姆制作的布料"serge de nimes"。

缎

　　缎纹组织的布料常常被统称为缎，但这里的缎特指使用细线织成，优雅且散发强烈光泽感的织物。比起平纹或斜纹，缎纹组织的布料线材浮于表面的部分更长，因此韧性欠佳，但其丝滑触感是缎纹组织布料的特点。

驼丝锦

　　一种质感类似雌鹿毛皮的织物。根据所使用的线的构造不同，驼丝锦分为"八枚缎""五枚缎"等，最常见的是五枚缎。数值越大，光泽感就越强。经过缩绒（通过蒸汽或压力使羊毛等纤维的线交叠起来，增加组织的密度）、染色、起毛等工艺，一块柔软且有光泽的驼丝锦就制成了。驼丝锦是一种高级材料，经常用于制作燕尾服或礼服。

染色技法

印染与浸染

　　染色技法大致可以分为两类，一类是在布料或线上印花纹，只染表面的印染法。印染法指用粉浆在布料上描出图样，然后将布料浸入染料中。粉浆能够防止描的部分染上颜色，因此不需要使用特别的防染技术，这种技法在古时候就已经为人们所使用。

　　另一类则是将线或布料整个浸入染料中染色的浸染法。浸染法染色能够染到纤维部分，因此这种方法染出的布料表面和内部颜色一致。如果单纯浸染会使得布料整体呈纯色调，也可以通过扎线将一部分布料扎起来，或用木板夹住部分布料，或用粉浆涂抹的方式防染，从而制作出不同的花纹和图案。

印染的种类

型染

　　型染有两种方法，一种是将剪裁出造型的型纸铺在布料上，从上面直接染色；另一种是在型纸上涂抹色胶或刷上染料，只染出造型。前者被称作"小纹"或"红型染"，后者则被称作"友禅染"，是一种著名的染色法。

版印

　　采用木板、铜板或石板等凹凸不平的版型来印染的方法，也被叫作台版印。其中，将花草或各种几何形状雕在版上，通过不同版型图案组合印刷的印度更纱十分有名。

浸染的种类

扎染

　　这是日本最古老的染色技法，在亚洲各地都有运用。将布料的一部分或用线捆扎起来，或缝好，或用板夹住来防染（固定起来的部分不会被染料染色），从而形成图案纹饰。通过调整夹板的压力或者线的捆扎方法，能够形成不同的纹样。

绊染

　　绊染是明治时代以后在日本发展起来的。所谓"绊"，在日文中指磨损的样子，或具有磨损质感的布料。最早的绊染是以染色的绊线捆扎或板夹等方式制作出看似磨损的外观，现在也有通过印染的方式印出磨损外观的绊染法。

筒描染

　　筒描染是一种使用粉浆的技法。第一步是用灌了粉浆的筒在布上描出花纹，这样做能够防止染色；第二步是加染料，防染的部分纹样便会保留下来。这种技法在友禅染中也有运用，是一种古老的技法，但是由于工序复杂，如今已经很少有人使用了。

唐栈

　　唐栈是一种从位于印度东南部的科罗曼德尔地区（新西兰北岛东北岸半岛）传入日本的技法。以藏青色和红色为中心，用多根染色的线条描出条纹图案。唐栈以其别致的图案备受江户人喜爱，常被用在和服和羽织外套上。

布目整齐
留住原布料的美

　　日语中的"布目"，指布料上经线和纬线交错形成的小孔。布料是由经纬线交织而成的，经线和纬线呈直角交错，就被称为"正目"。"布目整齐"指布料齐整的状态。

　　布目分布不够整齐的布料，经过裁剪或者缝纫加工，在一段时间后尺寸很容易发生变化，有可能导致布料整体变形。因此，在购买布料时请先确认布目是否整齐。

布目

支数

20支 = 20目 / 英寸

光滑度与厚度一目了然
表示标准的数字

　　布上常常印着"COUNT（支数）"字样，这是表示1英寸长的布上包含多少布目。譬如"20支"的意思是每英寸上有 20 个布目。

　　支数的数值越大，表示使用的线越细，织出的布就越细腻光滑。反之，数值越小，表示使用的线越粗，织出的布一般来说就越厚重。此外，在刺绣的时候，建议挑选支数值比较小的布料。

布耳

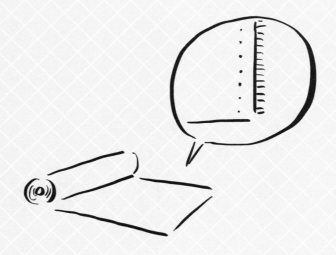

常被扔掉的部分
也可以成为亮点

　　制作服装等所用的布料，能用上的部分在日语中被称作"地"，两端的部分则被称作"耳"。布料的"耳"与"地"有时会采用不同的编织方法，也可能会在染布时因为加工而在"耳"开针孔。从前，人们会将一块布看作"布的脸"，重视所有部分，如今两端的布耳一般会被舍弃。

　　不过，印有品牌或厂家标志的布耳部分有时会成为布料的亮点，譬如说牛仔布布耳部分用红色针脚绣出的"红耳"就广受人们欢迎。印度传统服饰纱丽也是一个将布耳充分利用的例子。

一个小窍门：

布耳有凸起的那一面是表面

　　最简单的分辨方法就是看布耳。如果布耳上印有文字，能够正确阅读的那面就是表面；如果布耳上开有凹凸的针孔，那么针孔凸起的那一面就是表面。

　　斜纹组织的布料可以观察编织图案，从右上到左下能够看到一条贯穿的斜线的那一面就是表面，不过可能很难分辨。

　　在购买布料时也可以直接问店家。根据布料种类的不同，有的布料无论用表面或者里面，效果都相差不大，甚至有些知名时装设计师会使用布料里面。一般情况下，大家会使用布料的表面，不过也可以根据自己的喜好选择使用哪一面。

如何分辨布料的表里？

通水找平和材质展平

铺平布料

不可忽略的步骤

编织及染色时，布料或多或少会受到影响，产生一定的变形。即便是棉或者麻等耐收缩的材料也会产生变形。使用布料制作东西前，将歪斜的布目或收缩的布料弄平整是必不可少的步骤。

这个步骤便是通水找平和材质展平。有的布料浸水后会缩水，在加工之前通水找平，能够让成品水洗后不大幅缩水，还可以确认布料的掉色情况。

尤其是麻，这是一种很容易缩水的材质，先认真地通水找平后再加工吧。

平整布目的方法有很多，比如说用手拉扯、加湿或者是熨平，其中用水的方法被称作通水找平，最好在裁剪布料前进行。

自己试试

通水找平和材质展平

可以从通水找平开始。把布放在装满水的盆里，轻轻按压，然后浸泡。一个小时后，将布料叠整齐，用手掌敲击（注意，这时候拧布会使布目变形），压出水分。注意不要弄皱布料，将布料展开放干，在半干状态下用熨斗熨平，并调整布目。

如果这样还没法将布展平，可以试试材质展平。沿着布料的纬线将布料两端剪掉。将布料铺平到一张展开的纸上，让布料的四角与纸的四角重叠，这时候偏斜的布料就会被矫正。小心地将布料从纸上撕下来，让布料四角保持直角。

之后，将布料叠起来，与通水找平的工序一样，将布料用水找平，大概一个小时后，再将布料放进洗涤用网，用洗衣机脱水几十秒，让布料阴干，在半干状态时用熨斗熨平布料。

丝绸与化学纤维等可以从背面找平，羊毛不会缩水，但会因为摩擦收缩，不适合使用通水找平。

盎司

重量单位"oz"

　　牛仔布上常用 oz 来表示重量。这个单位常被人们误解为布料的厚度，但实际是重量单位。表示 1 平方码的布料重量。一般来说，牛仔布的密度是 7 ～ 14oz，14oz 就代表每平方码重 14 盎司。数值越小，布料就越轻；数值越大，布料就越重。10oz 以下的牛仔布被称作"轻牛仔布"，经常被用来制作修身牛仔裤。14oz 以上的布料被称作"重牛仔布"，质感粗糙。这类布料频繁摩擦后容易掉色，掉色后独特的质感极具观赏性。

表示针织物密度的单位
用不同针织机织出的布料计数方式不同

针距是用来表示针织物编织密度的，通常用"G"来表示，用来提示每英寸（约2.54厘米）中下了多少针。10G表示每英寸中下了10针。

数值越大，表示针脚越细密，5G以下的粗编织被称作"低针距"或"粗针距"，6.5~10G被称作"中等针距"，12G以上细密针脚的叫作"高针距"或"密针距"。

此外，不同的针织机，针距的计数方法也不同，需要留心。

针距

布制品的
保养方法

接下来为大家介绍几种以天然材质为主的保养布料的基础方法。为了保持布料的风格和质感，必须采用正确的保养方法。遵照这些基础方法，能够让你喜欢的布料更耐用。

棉

棉是一种耐水洗的纤维，因此在日常生活中可以用洗衣机水洗。为了防止面料起毛，应当将制品翻面后放入洗涤网中清洗。此外，为了防止相互染色，应当将深色的制品分开洗涤，需要使用漂白剂时，应选择非氯性的。

麻

在清洗前先确认洗涤方式。如果布料不可水洗，建议到专门的干洗店干洗。在家自己洗涤的时候，为了防止布料变形，需要先将制品叠起来，然后装进网中清洗。需注意的是，麻布遇热水会缩水，请用30摄氏度以下的温水清洗。

毛

　　有的毛料可以水洗，有的不行，请先确认洗涤方式。在家清洗的话，请先将毛料叠起来，用30摄氏度以下的温水洗涤。纯毛制品每1~2个月洗一次就够了，平常需要阴干，这样能够祛除湿气和异味。

丝绸

　　丝绸不耐光、热和摩擦，因此使用时需要尤其小心。可水洗的，请用30摄氏度以下的温水洗涤。污渍可以用轻拍的方式去除，避免手搓或者拧干。丝绸制品清洗过后用毛巾吸干水分，阴干。

绗缝

用针与补丁
描绘出多彩的图样

    前文介绍过，在两块布之间夹上棉花，用针缝上，制成一块新的布，这种方式被称作"绗缝"。这种缝纫方法最初是为了保温和防寒，但因为独特的针织法极具设计性，所以渐渐凸显了装饰功能。

    将两块布料间整体夹入内芯的做法是"英格兰绗缝"，只在布料间部分夹入内芯的做法被称作"意大利绗缝"，在两块布料表面贴花或者缝上补丁，再用针将两块布料与内芯缝合在一起的做法被称作"美式绗缝"。

巧用起毛

让布料表面变得更温馨柔软

　　拉扯或摩擦布料表面使其起毛的工序被称作"起毛"。这道工序能够让布料变得更有分量感且更加亲肤，因此经常用于制作冬装。

　　绒、法兰绒、鞣皮等许多面料都会采用这种工艺，加工方式也各不相同：有用带针的起毛机起毛然后修剪调整的，也有用纸或砂纸打磨表面的，还有将布料浸湿然后使其起细绒毛的，以及将绒毛制成毛球或旋涡状的。

起毛

上油

历史悠久的雨衣材料

　　将桐油或者亚麻籽油等干性油料涂在布料上，使其具有防水、防收缩、防污的特性，这种方法叫作上油。这是一种能够增加布料功能性的加工方式，上油后的布料被称作"油布"，常用来制作雨衣等物品。

　　最近，在薄款的棉布、麻布以及涤纶等布料上使用合成树脂上油的方式成为主流，为上油这种工艺增添了一些新的风尚。

冬暖夏凉的优质布料

纱

纱布常常被用来制作绷带等医疗品或婴儿的贴身衣物，事实上，这种布料还是一种真正"冬暖夏凉"的优质布料。

纱布是一种透气性和吸水性十分优秀的布料，由于在加工过程中不用粉浆，因此柔软而亲肤。

如果将两层纱布重叠在一起，两层布间会形成一个空气层，这样就增加了布料的蓬松感，更让人喜爱。而且由于其具有透气性、吸汗性、速干性能，纱布在夏季使用会变得更凉爽，在冬季使用也因为具有适当的保暖性会更暖和。

有机棉

有机棉
更少的环境负担

　　在婴儿服和贴身衣物上经常见到"有机棉"的标志，这是指不使用转基因技术，种植在至少三年不施化学肥料的土地上，不使用农药培育的棉花。实际上，普通棉花上残留的农药也很少，收获的棉花与有机棉几乎没有区别，普通棉与有机棉最大的区别在于造成的环境负担不同。

　　顺便一提，在纺纱、染色以及剪裁的过程中不使用化学药剂，遵守劳动安全并拒绝使用童工等遵守社会规范制作的棉制品被称作"有机棉制品"。

"蓝草"这种植物实际上不存在？

蓝草与蓝色染料

这句话在某种程度上来说是正确的。蓝染是一种古老的技法，世界各地都有流传。所谓的"蓝草"，并不是指某种植物，而是含有靛蓝色素、能用作染料的植物的总称。

不过蓝染所用的原料都是植物，在日本，主要采用蓼科的蓼蓝作为原料，而印度则使用豆科的木兰作为原料，欧洲用十字花科的菘蓝作为原料。地域不同，蓝染使用的植物原料也各不相同。

不过，如今合成染料价格低廉，日本主要采用进口染料，国内的蓝色染料产量正逐年减少。

蕾丝的种类

蕾丝以其精致的外观和透明的质感，自古以来就被女性喜爱。接下来为大家介绍一些蕾丝的代表种类及其魅力所在。

烂花蕾丝

以水溶性布料为底材，采用机械进行刺绣，之后将布用药剂溶解，只留下刺绣的线。因为在开发之初采用化学药品处理丝绸或棉布等底材，因此得名"烂花"。现在无论是刺绣还是布料，都不再采用化学方式处理。由于这种工艺能够突出主题，因此经常作为布制品的装饰。

六角网眼蕾丝

由六角形等多边形的网眼织成的薄纱，在日文中被称为"龟甲目"。纱网蕾丝是在薄面料上进行刺绣或者编织图案制成的。六角网眼蕾丝（tulle lace）的词源是法语中的 tulle（薄纱）。在世界各地，制作纱网蕾丝的技法各不相同。

利巴蕾丝

由英国人约翰·利巴在1813 年发明的编织技法，采用利巴花边机编织。利巴蕾丝采用超过一万根的细线条编织出纤细精密而美丽的花纹，被公认为最高级的机械蕾丝，有"蕾丝之王"的美誉。

拉舍尔经编蕾丝

不采用刺绣工艺，用拉舍尔经编机制成的蕾丝。它也是机械蕾丝的代表之一，作为"蕾丝之王"利巴蕾丝的平替品而被开发。其布质薄而平整，常被用于制作窗帘、女性制服或者内衣。

日本的织物

绸

　　以绸线采用平纹组织编织而成，是一种轻便且结实的绢织布料。因为面料外观朴素，江户时代开始便允许町人及农民穿着，此后因其古朴感越发受到人们追捧，渐渐变得高级化。现在，甚至有采用粗丝或生丝编织的绸布料。

上布

　　采用高级的苎麻织就，是一种十分有光泽感的高级薄麻制品。触感略硬而干爽，常被用来制作夏季服装。通常人们认为"上布"的称呼来自"比一般的麻织物更高级的布料""上贡给江户幕府的布料"等说法。

绊

　　采用事先经过部分染色的线材织成的布料，具有原生的磨损感。世界各地都有这种古老的工艺，在国际上，这种织法叫作"ikat"（绊织），日本独有的织法叫作"绊"，以示区别。

裂织

采用切成细条并扭成结的旧布料制成的可循环利用的布料。纬线采用切条的旧布料，经线采用麻线或棉线，独特的色调和古朴感是这种布料的特点。裂织是布料价格昂贵时代的一种生活智慧，其中最有名的是日本青森县南部地方生产的"南部裂织"。

会津木棉

江户时代前期，日本福岛县会津若松市生产的棉织物，被选为福岛县传统工艺制品。会津木棉以其朴素的条纹为特征，也被叫作"会津缟"。其吸水性强，材质较厚，经常被用于制作日常服装。

西阵织

由京都市西阵区制作的高级丝绸织物的总称，被选为日本国家级传统工艺品。自平安时代以来，京都的丝绸制品产业就极为发达，室町时代以后，经"应仁之乱"，大量编织匠人聚集到这里，使得丝绸制品产业获得了极大的发展。

芭蕉布

日本冲绳县大宜味村喜如嘉等地的特产，作为喜如嘉的标志物被选入日本国家重要非物质文化遗产。采用丝芭蕉植物纤维，使用冲绳原产植物的天然染料染就，织成素色的带有磨损质感布料，经常被用于制作夏季衣物和坐垫的缎面。

日本的染制品

型染

　　将剪裁出纹样的型纸铺在布料上染制的工艺被称作型染。日本多采用柿涉[1]涂层的型纸染制。在型染中，古来就有"西友禅，东小纹"的说法，冲绳的红型染也很有名，主要采用红色染料，辅以蓝、黄等多色。

1. 将未成熟的柿子果实碾碎或者榨汁，用汁水发酵而得来的抽取液。——译者注

注染

　　将防染粉浆堆成堤坝形，将需要染色的部分围在中心，注入染料而染成，因此得名"注染"。注染能够在布料两面染出清晰的纹样，以其多彩的外观、独特的触感和色调为特征，常被用于制作浴衣与毛巾。

江户小纹

　　常被用于制作江户时代武士的装束"裤"，是一种传统的型染方法。使用留白方式在布料上染出单色的精细图样，以其精细度被人们视作染色布料的巅峰工艺。明治时代以后，出现了采用多种颜色的友禅小纹，因此原来的单色小纹染便被称作"江户小纹"。

扎染

日本最古老的一种染色方法，从7世纪开始便流传下来。用绳子捆扎布料，将纹样部分缝起来或板夹起来防染的染色方式。世界各地都有扎染工艺流传，在国际上被叫作"tie-dye"（扎染），日本特有的扎染法被称作"绞染"。

蓝染

采用从蓼蓝等植物中提取染料染色的方法。蓝染布料自古以来就同日本人的生活息息相关，平民常用的毛巾、风吕敷、浴衣等经常采用蓝染，经营蓝染的"绀屋"遍布日本各地。蓝染并非日本独有的技法，这种工艺在世界各地都有悠久的历史。

红型染

通常认为，红型染源自15世纪左右，是日本冲绳传统型染工艺的一种，采用多种颜色染出花、鸟、龟、水等富有南国风情的纹样。红型染最早用于特产的绸布与芭蕉布，近来也被用于丝绸。采用琉球蓝草染制的染制品被称作"蓝型"。

友禅染

友禅染是一种采用多种颜色绘制图样的染色法。江户时代，扇绘师宫崎友禅斋在小袖和服上绘制的鲜艳图画极具人气，友禅染的名字也源于此。友禅染分为两类，正统的是"手描友禅""本友禅"，以及采用型染的"型友禅"。

世界各地的布料

世界上还有各种各样的织物和染制品。这里介绍的每一种布料都蕴含着当地的文化与历史。

ikat

　　这是印度尼西亚及马来西亚等地的工艺，现在这个词成为世界上所有类似**绛染**的工艺的总称。在印度尼西亚语中，ikat 是"捆扎、绑"的意思，也就是用**绛线**将布捆扎起来染，染出具有磨损质感的布料。

爱尔兰亚麻

　　采用北爱尔兰生产的亚麻织就的高级麻布料，柔软而艳丽。如今，日本已经没有爱尔兰亚麻的生产和纺织产业，采用国际分工制作的高品质"欧洲亚麻"通用此名。

印度棉布

采用印度传统的纺织车制作，用手工纺线织成的织物，主要采用棉制作，也有采用丝绸和羊毛制作的。触感柔软，吸水性好，容易晾干且牢固。在印度，印度棉布广泛用于毛巾、T恤、纱丽等的制作。

基里姆

以土耳其为中心活动的游牧民与牧民所创造的工艺，一种绣有独特的传统纹样的毛织物，广泛用于地毯、服装、收纳袋、壁挂等的制作。基里姆既是生活必需品，又具有较高的艺术性，是游牧民财产中具有较高价值的织物。

葛布兰

一种采用独特的"爪搔"工艺绘制图案的缀织物[1]，原本特指法国的葛布兰织造所中手工编织的缂织壁毯，现在泛指欧洲产的缂织壁毯以及相似的雅卡尔布。

1. 爪搔和缀织都是日本的传统工艺，这里指葛布兰采用的工艺与这两种工艺相似。——译者注

花呢格布

苏格兰高地生产的传统格子纹样毛织品。纹样象征着氏族与地域，格纹在苏格兰地区十分流行，常被用于制作苏格兰短裙等民族服饰，现在作为英国风格的象征，为世界各地所知。

泰国丝绸

泰国丝绸有 2000 年悠久的历史，是一种原产于泰国的手工丝绸织物，其特征是采用鲜艳的颜色。泰国丝绸采用的线材粗而短，用具有结节和斑纹的野蚕茧制成，具有独特的光泽和颗粒感，质感厚重。泰国丝绸的世界级代表品牌是"吉姆·汤普森"（Jim Thompson）。

更纱

一种起源于印度的棉织品，以天然染料采用蜡染工艺在布料上染出各种纹样，如人物、动植物、几何图形等具有民族特色的图案。蜡染技法在世界各地都有传播，在不同的区域有着不同的变化，名称、技法、纹样等都各不相同。

粗花呢布

最早的粗花呢布以粗羊毛手工纺织而成，或采用平纹组织，或采用绫纹组织。根据原产地、羊毛种类、织法的不同，粗花呢布的名字也不尽相同。只要是粗针脚的厚质地织物都可以叫作粗花呢布，并不限于羊毛制品。

康嘎布

　　康嘎布在肯尼亚、坦桑尼亚等东非国家的女性中很流行，这是一种在棉布上印制多种色彩的布料。其用途广泛，婚丧嫁娶的服装、包袱布、婴儿用的布娃娃等都会用到这种布料。这种布料的中央会印上代表布料主体的斯瓦希里谚语。

巴迪布

　　巴迪布的产地以印度尼西亚的爪哇岛为中心，是一种蜡染的更纱布，在国际上也被统称为"蜡染布"。巴迪布的特征是色调以蓝色或茶褐色为主，采用点彩手法描绘出动植物或者几何图样。作为一种传统的技法，巴迪布入选了联合国非物质文化遗产名单。

阿伦针织布

　　阿伦针织布是一种以绳编为基础，在其上绣出具有凹凸感图案的针织物。因所绣的是爱尔兰阿伦群岛传统的图案，因此又与一般针织物有所区别，被称作"阿伦针织"。因为图案精美，其有"用线做成的最美雕塑"的美誉。

台湾花布

　　绣有中国台湾常见的鲜艳花鸟图案的布料，又因为近年来广受客家人喜爱，被称作"客家花布"。图案经常被用于被套等物件上，怀旧而复古。

纹样的意义

布料上的纹样蕴含着当地的文化与历史。接下来介绍几种常见的日本纹样。平日里常见的花纹背后，究竟有着怎样的意义呢？

菊

菊花是奈良时代至平安时代从中国传到日本的植物。进入安土桃山时代后，菊纹开始用在布料上。在中国的许多古老传说中，菊花这种植物象征着"长寿"。

流水

水是一切生命的源头，水流动的样子被人们称作"永恒的形态"。流水纹中最有名的是描摹旋涡状水流曲线的"流水纹"与呈旋涡状横向伸展的"观世水纹"。流水纹，除了单独运用，还会与花草、鸟、风景等纹样一同被运用于布料上，是红型染中必不可少的纹样。

松

　　松树从砂石地与岩间破土而出，嫩芽顽强生长，长成四季常青的大树。从平安时代开始，松纹就蕴含着吉祥的意味。松纹所蕴含的意趣不尽相同，有描绘刚抽芽的松模样的"若松纹"，有描绘饱经岁月风霜的"老松纹"，还有描绘松叶飘零的"落地松叶纹"等。

竹

　　竹子四季常青，因此象征着"祥瑞""清净"；根系强健而树干笔直，生长迅速，象征了"正直""强势"；竹节整齐，象征了"有节度"。因为如此种种，竹子一直被人们看作高洁的象征。自室町时代起，竹纹变得平民化，成为一般百姓也能使用的纹样。在江户时代，竹纹的设计变得愈加繁杂。

梅

　　梅花是寒冬中最早盛放的花朵，预示着春天的到来，花形优美，花香馥郁，向来为人们所喜爱。日本自古以来就将松、竹、梅看作象征缘起的植物。自平安时代开始就使用各种各样的松、竹、梅纹样，不过将三种纹样组合起来使用则是从室町时代开始的。

唐草

　　唐草纹是用曲线描绘出藤蔓或草交缠的形状，由古希腊与古罗马的"棕榈纹"发展而来，在大和时代由中国传入日本。鹤飞翔时不间断地，展翅昂扬的样子给人以繁荣、长寿的吉祥感觉，因此被人们织在布料上。"唐草纹"作为风吕敷的常见纹样，被广为人知。

鹤龟

　　"鹤龟"与松、竹、梅一样，象征着缘起。有句著名的民谚叫"千年鹤，万年龟"，不只因为象征长寿，自古以来，鹤都因为其纯白的羽毛与优雅的身姿受人喜爱。鸟纹中运用最为广泛的就是"飞鹤纹"和"立鹤纹"。龟纹的历史甚至比鹤纹更悠久，在弥生时代的铜铎中就有发现。单独的龟纹并不常见，更多是与鹤纹组合使用。

缟纹

　　在日式服装中，横、纵或斜的平行直线（或近乎直线的线）所组成的纹样被称作"缟"。类似的纹样用在常服中，则被称作条纹。虽说日本有制作缟纹布料的传统，但缟纹的发展是在室町时代到江户时代，由外来布料的传入而引发的，自此才真正成为日本具有代表性的纹饰。缟纹的"缟"最早写作代表"东南亚各处岛屿"的"岛"。根据线条的粗细、数量、间隔、组合方式的不同，缟纹的外观多种多样。

万筋

　　将双色的线每两根一组排列织成的纵向细线条缟纹，远看像纯色。因为线条多，仿佛有一万根筋而得名，是江户小纹中纵缟纹的代表。

鲣缟

　　因为色调类似鲣鱼身体的颜色而得名。鲣鱼的身体从背部到腹部，颜色渐渐变淡，鲣缟纹的线条也呈从浓色到淡色的渐变效果。

矢鳕缟

　　条纹的间隔、粗细、配色等都呈不规则的样式。矢鳕缟也被称作"乱缟纹"，看似是为处理余线而编织的，在江户时代作为女性用布，风靡一时。

textile 与 fabric 有什么区别？

两者没有明显的区别，
但是在业界有不同的用法

英语中的"textile"与"fabric"都被翻译成"布"，两者究竟有什么区别呢？

实际上，二者并没有明显的区别。在业界，"textile"一般指织物（加工前的布料），而"fabric"指布料商品。

textile 通常不包含针织物及革制品等，服装业界经常使用这个单词。fabric 则指包含了针织物以及革制品在内的各种布质面料，通常用在零售业和室内装饰品业。

布料如何挑选？

　　市面上有不同材质、不同编织方法、不同染色方法制作而成的布料。想要买一块布做一些小物件时，选哪一种比较好呢？最佳方法当然是选择自己中意的布料，但是也需要考虑其他因素。接下来就从布料的耐磨性、质感等特征着手，为大家介绍。

　　想要制作包时，推荐使用帆布等耐磨性强的布料，如果是制作提包的内衬，也可以挑薄一些的布料。

　　若是制作上衣或者连衣裙的话，可以考虑使用细平布、府绸或阔幅平布等薄面料，制成的衣物一年四季都可以穿着。

　　平纹织物中的牛津布具有恰到好处的张力及厚度，便于缝制，可以用于制作服装、手袋、室内装饰品乃至窗帘等各式物件。

1　相原历

2　材质: 100% 棉

主要经营制作采用丝网染色的布料以及布制小商品。商品从设计、染色到缝制,全部独自完成。理念是制作能让人想起儿时,产生安心感的布制品,希望制作出让任何年代出生的客人都能够喜欢的物件。

3　🅞 koyomi_a

4　🏬 黄色鸟器店
　　手纸舍 2nd STORY
　　sahanji +
　　Shop mo ∴.

1　制作者·品牌名

2　布料的材质

3　Instagram (照片墙) 账户名

4　售卖店名

PART 3

让人马上就想入手的 210 种布料

收录多个人气布料制作者、品牌,让人想要点亮每一天的布料。相信你也能在这里找到自己最中意的一款。

相原历

<u>材质：100% 棉</u>

主要经营制作采用丝网染色的布
料以及布制小商品。商品从设计、
染色到缝制，全部独自完成。理
念是制作能让人想起儿时，产生
安心感的布制品，希望制作出让
任何年代出生的客人都能够喜欢
的物件。

[O] koyomi_a

[店] 黄色鸟器店

手纸舍 2nd STORY

sahanji +

Shop mo ∴

neko（猫咪纹样手帕）

tulip（郁金香纹样手帕）

bloom（花纹手帕）

hana no wa（花纹手帕）

flower bed（花纹手帕）

133

青衣 aogoromo

材质：棉

以"新日本布料"为理念，于
2013 年在日本京都创业的布料
品牌。其品牌商品在京都本地的
制作人、厂家等的帮助下，以日
本人本就喜爱的棉布及纱布等为
布料，使用印染中的蓝染或拔染
工艺制作而成，设计出既有怀旧
的风情，又不失潮流风范的鲜艳
"日本风景"布料。

⊙ aogoromo
店 青衣 aogoromo 京都店

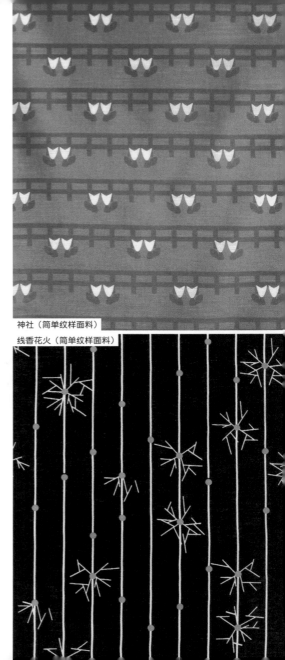

神社（简单纹样面料）

线香花火（简单纹样面料）

燕（燕纹面料）

啄木鸟（鸟纹面料）

葛根粉（条纹面料）

135

admi

材质：印度棉

admi 在印地语中指"人"。当日本的设计师与印度的木版匠人碰撞出火花，admi 这个布料品牌就诞生了。admi 致力于制作采用印度传统技法木版印染的印度棉制品，成品独具风格，以制作让人身心放松的布料为目标，自 2008 年开始经营活动。

📷 porichiparu

🏪 黄色鸟器店
手纸舍 2nd STORY
axcis nalf
humongous

Dance 03（舞蹈 03　花纹面料）

Picnic 05（野餐 05　花纹面料）

SunnyDay 01（晴朗的日子 01　花纹面料）

Hanauta 07（花之诗 07　花纹面料）

Morning 03（清晨 03　花纹面料）

137

otsukiyumi

材质：100% 棉

otsukiyumi 的布料精心绘制出极
富韵律感的线条，在布料上描摹
出身边常见的花草、雨水或石头
等自然图案，再由日本的工坊进
行染制。其设计生产的布料在
nunocoto fabric 上也有销售。

📷 otsukiyumi

🏬 otsukiyumi 线上商城
　　nunocoto fabric

A: caraway bluegray（藏茴香纹面料　蓝灰）

B: sumire dark gray（堇纹面料　黑灰）

C: Tulip yellow（郁金香纹面料　黄）

D: minamo blue（水纹面料　蓝）

E: ajisai navy blue（紫阳花纹面料　浅蓝）

F: 使用原创布料制成的手帕

G: waterdrop（水滴纹面料　白绿，来自
　　nunocoto fabric）

H: tensen（胡萝卜点线纹面料，来自
　　nunocoto fabric）

C

D

E

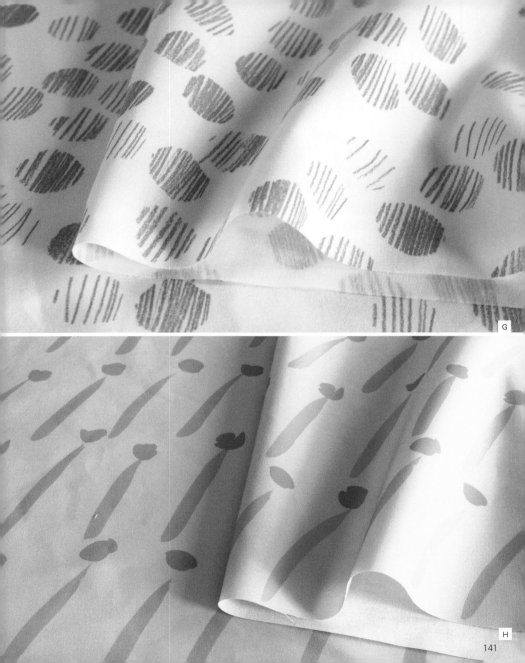

G

H

Oono Mayumi

材质：牛津布（100% 棉）

这 是 2018 年 与 nunocoto fabric 合作创立的品牌。主要灵感来自简单的植物，辅以富有童趣的配色，希望能够为广大消费者提供感到心情愉悦的布制品。

TENT（帐篷　红　几何纹面料）
TENT（帐篷　蓝　几何纹面料）

📷 mayumi_oono
🏪 nunocoto fabric

含羞草（草纹面料　小）

三叶草（草纹面料　小）

Flap mini（展翅　复杂纹面料　巧克力棕）
144

菜蓟（菜蓟纹面料　黑红）

kakapo

材质：棉，也有刺绣和其他织物

这是 2012 年创立的原创布料品牌，以"不随波逐流制作快消品，而是制作可以跨越世代，十年、二十年后依旧为人所爱的布料"为理念进行设计，在日本进行生产。专注于衬衫、背包等领域，设计能够拓宽布料可能性的原创商品。在 kakapo，还能够订购室内装饰品等。

○ kakapo_textile
店 kakapo atelier shop

A：工坊中放置布料的架子（50 厘米起购）
B：只在日本生产的布料
C：只在周末开放的工坊
D：采用原创布料制作的靠枕套

146

KAYO AOYAMA

材质：府绸（100% 棉）
　　　牛津布（100% 棉）

以自然界中植物、石头等具有天然魅力的造型为基础，或以手绘有机线条，或自然着色细腻地呈现，织就一件让人爱不释手的特别生活物件，这便是 KAYO AOYAMA 的理念和工作。KAYO AOYAMA 希望设计出像花草一样，能够让人一见舒心的图案。

⚪ kayoaoyama
🏬 nunocoto fabric
　　手纸舍 2nd STORY
　　KAYO AOYAMA 线上商城

wild flower（野花纹面料　白）

forget me not（勿忘我纹面料）

日日春 -nichinichisou-（长春花纹面料　奶油橙）

Olive（橄榄纹面料　暗灰）

sea grass（海草纹面料）

149

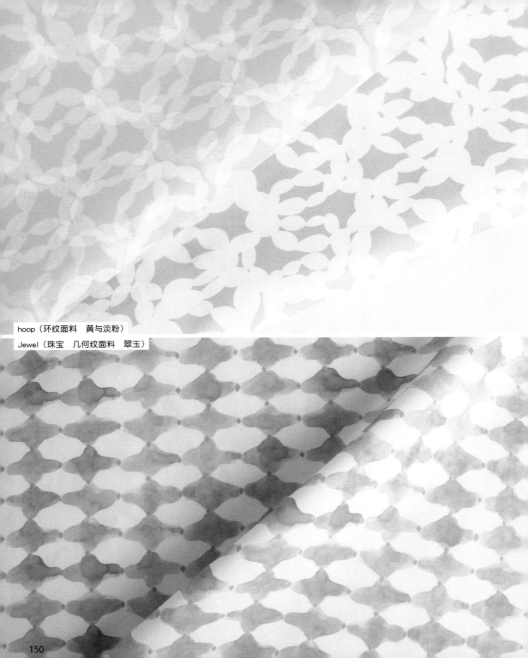

hoop（环纹面料　黄与淡粉）

Jewel（珠宝　几何纹面料　翠玉）

150

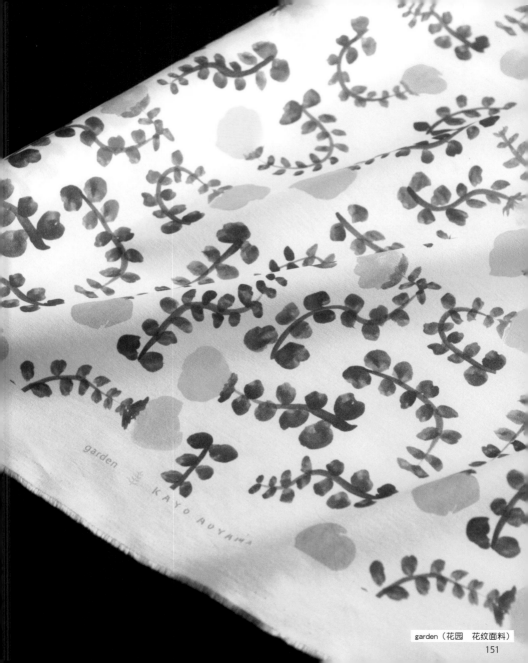

garden（花园 花纹面料）

-COOH

材质：100% 棉

-COOH 以"为生活加点色彩"为主旨进行设计。在每一个普通的日子里，在平常的桌上铺一块新桌布，换上一身自己喜欢的衣服，为每一天带来一点儿不同的色彩。能用布料为大家的心境带来哪怕一点点变化，也是 -COOH 的荣幸。

karubokishiru_ki

foo

foo stitch

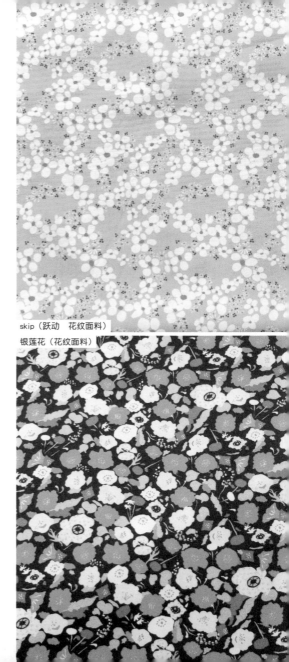

skip（跃动　花纹面料）

银莲花（花纹面料）

含羞草（花纹面料）

windowpane squ（方窗格纹面料）

装饰花纹 S 粉色（几何花纹面料）

153

QUARTER REPORT

材质：棉、麻等天然材质

QUARTER REPORT 以北欧的感性
为经线，以日本的美学意识为纬
线，织就独到的织物。自 1988
年创业以来，QUARTER REPORT
经营范围不拘于室内装饰品或
时尚品，而是追求"布料的可能
性"，并与诸多时尚品牌、产品
制造商有合作。

店 FIQ（直营店）
　　全国室内装饰品店
　　生活用品店

浮点（浮点纹面料　黄）
网格（网格纹面料　黑）

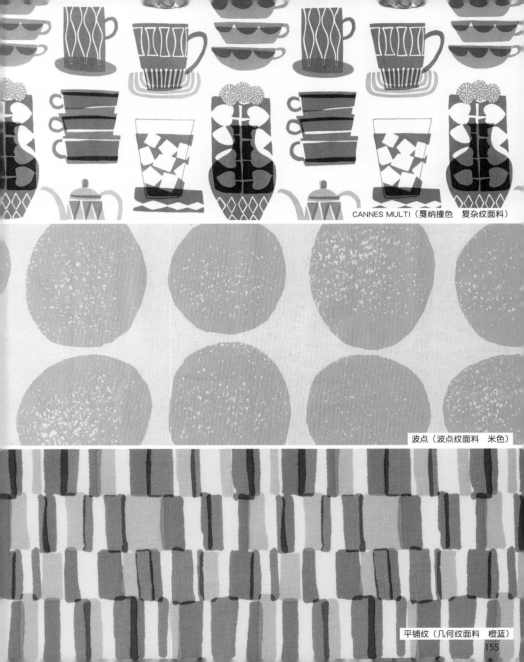

CANNES MULTI（戛纳撞色　复杂纹面料）

波点（波点纹面料　米色）

平铺纹（几何纹面料　橙蓝）

kuuki

材质：双层纱布、棉

kuuki 的理念是布料就像空气一样。它致力于制作不喧宾夺主，但是时刻陪伴在顾客身边，让人感受到每一刻美好的布料。设计的特色是让人几乎感觉不到的轻盈和灵动感，希望能够修饰穿着者的气质，而且希望使用者能够长久喜爱并使用，kuuki 的布料可以用于制作手帕等小物件。

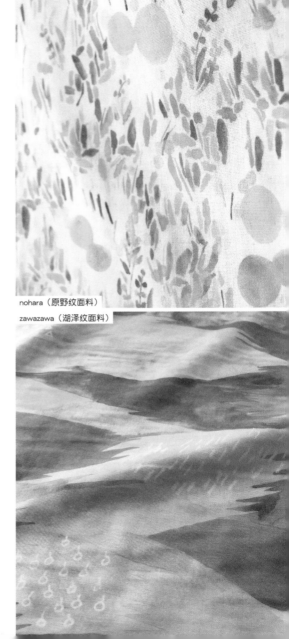

nohara（原野纹面料）

zawazawa（湖泽纹面料）

[O] kuukimemo

[店] 樱食堂 /Nestmate

中井衣料百货店

kakele

oku

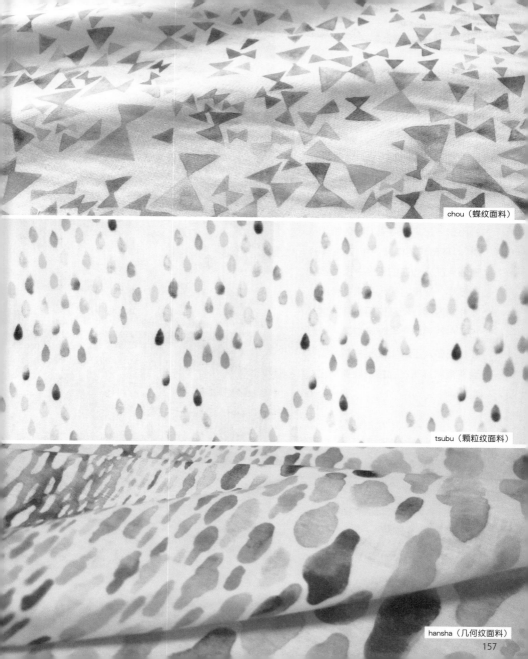

chou（蝶纹面料）

tsubu（颗粒纹面料）

hansha（几何纹面料）

157

kurume
kasuri textile

材质：棉、麻

kurume kasuri 源于日本福冈县南部的筑后地区，已经有 200 多年的历史，日文汉字写作"久留米绊"。其布料制作需要经过 30 多道融入匠人心血的工序。图案缤纷多样，又蕴含匠人手工制作的质朴与温暖，随着使用时间的增加，布料质感还会渐渐提升。为了让更多人了解久留米绊的魅力，当地有精选布料出售，建议前往工坊。

店 久留米绊　线上商城

久留米绊上多彩的图案是使用在打结过程中就染色的"绊线"织成的。其中，有仅在纵线上使用绊线的经绊，仅在横线上使用绊线的纬绊，还有横纵线都使用的经纬绊。手工"绊"与"染"中，蕴含着手工艺的独特韵味。

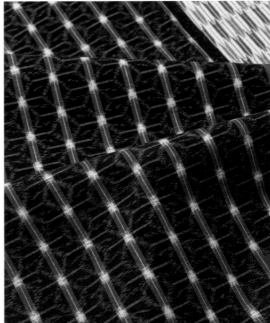

佐古百美

材质：棉

佐古百美是一位绘本作家、插画师。其从大量的绘本绘制中吸取经验，专注于能够为孩子与家人的生活带来笑容的设计。佐古百美设计的布料在 nunocoto fabric 网站上售卖。

kukka[1]（白底彩绘面料）
kukka（灰蓝底彩绘面料）

 momomisako
店 nunocoto fabric

---

1. kukka 是插画作者的名字。——译者注

happy bugs（快乐虫纹面料 白蓝）

161

small mush（蘑菇纹面料　灰粉）

small fish（小鱼纹面料　多色）

small jockey（骑手纹面料　藏青）

162

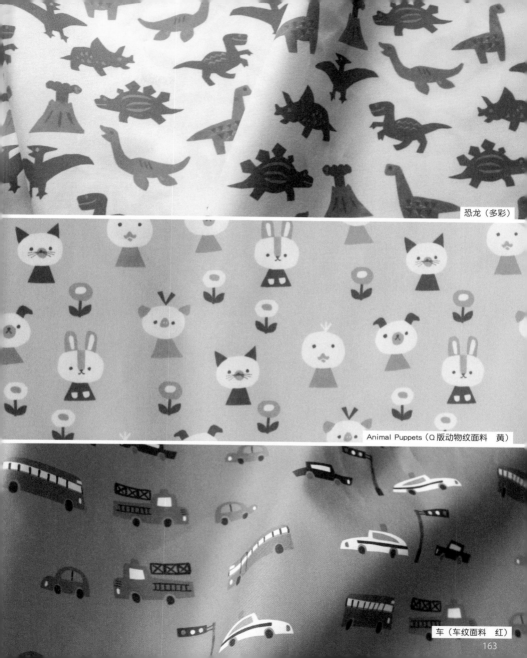

恐龙（多彩）

Animal Puppets（Q版动物纹面料 黄）

车（车纹面料 红）

sun and snow

材质：棉、麻

sun and snow 的创始人在瑞典小岛的工艺学校学习染织技术，回到日本后以爱媛县为据点开展制作活动。sun and snow 将从身边的各种自然图案，如花草、树木的果实、动物等中汲取的灵感施以印染，采用身边的材料纺织缝制可以用于生活的布制品。

[O] sunandsnow
[店] sunandsnow 线上商城

iyokan-orange-（伊予柑·橘色纹面料　麻）
iro moyo-fantasy purple-（染色纹面料　幻彩紫　棉、双层纱布）

itoshino berry -blue-（草纹面料　蓝　棉麻）

i skogen-gröna skogen-（绿森林纹面料　绿　麻）

Suzuki Kaho

材质：牛津布（100% 棉）

自东京艺术大学毕业后，为学习艺术，他曾前往芬兰一个小小的村镇中学习。将在自然环绕的丰饶生活中得到的灵感，用于绘画、插画、设计等广泛的活动中，并自 2018 年开始在电商网站 nunocoto fabric 上出售自己设计的布料。

⊙ oha_k_aho
店 nunocoto fabric

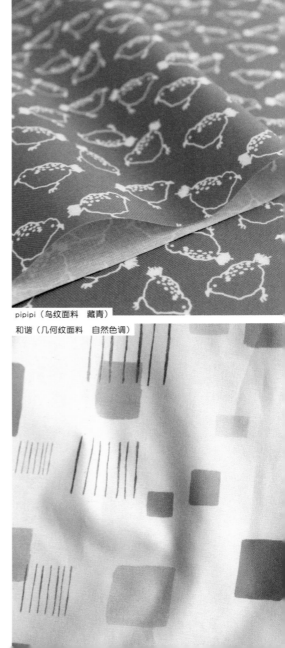

pipipi（鸟纹面料 藏青）

和谐（几何纹面料 自然色调）

BIRD（鸟纹面料）

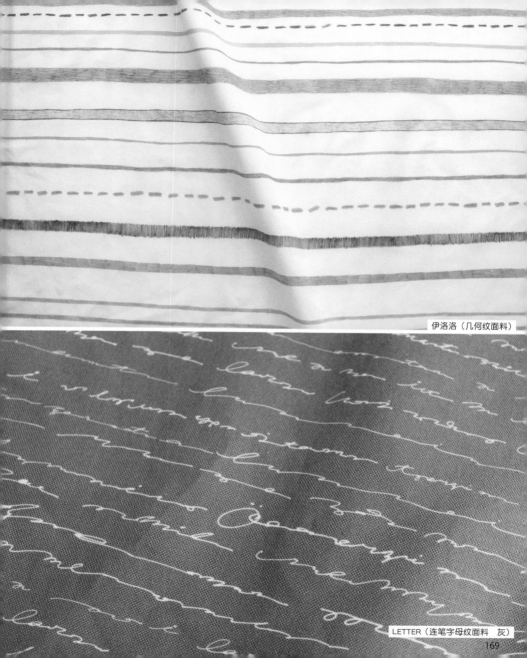

伊洛洛（几何纹面料）

LETTER（连笔字母纹面料　灰）

CHECK & STRIPE

材质: 棉、麻

CHECK & STRIPE 在电商网店及
直营店中销售原创的亚麻、棉布、
利伯缇等布料及印花、贴花、缝
制品等。在 CHECK & STRIPE 直
营店中,你可以挑选自己喜欢的
面料及图案进行定制,店中还会
有随时举办的缝纫课程、工坊体
验课等。

原创条纹面料(烟灰)

原创条纹面料(黑加仑紫)

:camera: check_stripe

:shop: CHECK & STRIPE 神户店

CHECK & STRIPE fabric & things
(芦屋)

CHECK & STRIPE 自由之丘店

CHECK & STRIPE 吉祥寺店

CHECK & STRIPE little shop(镰
仓)

CHECK & STRIPE workroom(自
由之丘)

原创格纹面料（灰粉）

原创格纹面料（芥末黄）

原创格纹面料（开心果绿）

原创格纹面料（葡萄绿）

171

池沼织工房　千织

材质：棉

池沼织工房采用老式梭织机，巧妙地区分各种粗细不同的线，织成各式风格的布料。为了将这种面料的魅力传递给更多人，池沼织工房不局限于生产和销售，还举办各种工厂参观和发布制作现场信息。

A

B

 hatayachiori
店 千织线上商城

A：依旧在使用半个世纪前的梭织机
B：为了不增加线材的负担，远州木棉采用低速且谨慎的编织，这是一种表面有凹凸感、极具韵味的织物。

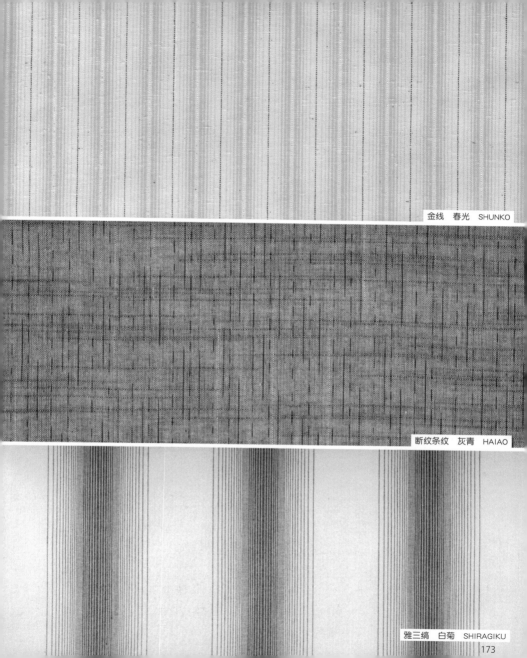

金线　春光　SHUNKO

断纹条纹　灰青　HAIAO

雅三缟　白菊　SHIRAGIKU

173

远州缟　花樱　HANAZAKURA

重缟　葡萄　BUDO

七色 和桦 WAKABA

千织缟 甘柿 AMAGAKI

175

chihiro yasuhara

材质：细平布（100% 棉）

chihiro yasuhara 自 2012 年 起 作
为自由职业者开始经营活动，出
售印有自己手绘图案的布料，以
幼时身边常见的植物或者其他
设计灵感为主。为了让布料更
具有生活感，chihiro yasuhara 将
这些图案融入布料中。近年来，
chihiro yasuhara 还作为独立创作
者，向企业等提供插画，进行商
品合作。

[O] chihir0y
[店] STYLE STORE
　　Spiral 线上商城
　　手纸舍 2nd STORY
　　箱根本箱

Flower hug（拥抱花纹面料）

barbara（蔷薇纹面料）

midnight sun（午夜阳光　花草纹面料）

sunny place（明媚之地　花草纹面料）

chihiro yasuhara（布料由安原千寻提供）

177

Tetra-milieu

材质：棉、棉麻

Tetra-milieu 的制品以"融入未来的图案"为理念，珍视旧物与自然，创造出未来也将受人们喜爱的织物设计。正是看似平凡的现在塑造了未来，因此 Tetra-milieu 倾注心血于产品的色调和设计上，希望织物走入消费者的生活，让消费者珍惜每一个平凡的日子。

 tetramilieu
店 Tetra-milieu 线上商城

AYU-KAGOME（鲇鱼与笼　鱼纹面料）

TORIYAGASURI（鸟矢绊　鸟纹面料）

SARUSUBERI（百日红　花纹面料）

MOKUFUYOU（木芙蓉　花纹面料）

180

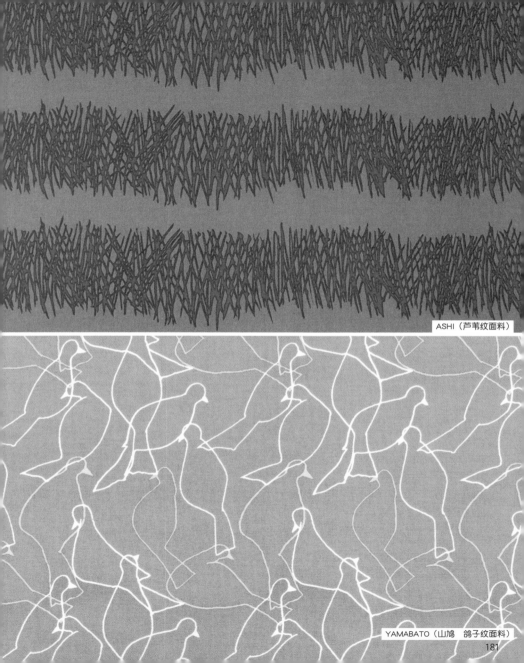

ASHI（芦苇纹面料）

YAMABATO（山鸠　鸽子纹面料）

十布

材质：100% 棉

日本插画师福田利之的创意品牌——"十布"，生产并销售各种布料、布制品。"十布"综合了布料本身的特性与风格、制造产品的工匠的经验与技术、产地的传统与思想，重视并精心制作每一种产品。

:camera: tenp_10
:shop: 十布陈列室 optp

A

B

A：蔬菜田（水色）/ 正方形双层纱布手帕（M 码）

B：春日祭典 / 采用布料表现绘画质感的"画面系列"中的一种

C：福岛的刺子织　手帕 / 与福岛的三和织物一起开发的刺子织

D：福岛的刺子织　手帕（藏青）

E：福岛的刺子织　靠枕套

照片：键冈龙门

Naomi Ito Textile

材质：纱布、麻、棉缎、麻纱等

Naomi Ito Textile，脱胎于水彩画家伊藤尚美的艺术品。自2019年起，Naomi Ito Textile 回归了最初的作品表现方式，新作品的品牌名也表现着这样的蕴意：希望以一幅构图美好、汲取自然精华配色的绘画来表现美感。Naomi Ito Textile 绘画般的制品，不只在日本，还受到其他30多个国家的人们的喜爱。

 atelier_to_nani_iro

 ATELIER to nani IRO
　　sesse "KOKKA" 阪急梅田总店

Lei nani（花纹面料）
Temps（拼色纹面料）

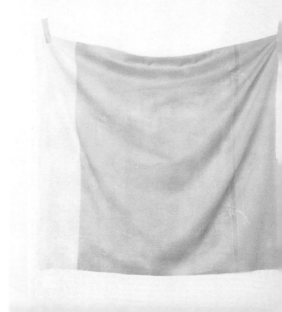

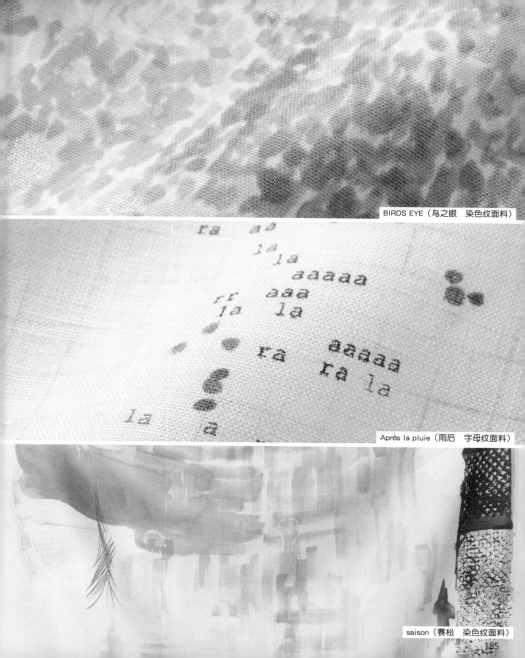

BIRDS EYE（鸟之眼　染色纹面料）

Après la pluie（雨后　字母纹面料）

saison（赛松　染色纹面料）

185

Nishimata Hiroshi

材质：牛津布（100% 棉）

Nishimata Hiroshi 是一位日本布料设计师，除了经营原创布料并为纺织品厂商和服装品牌提供设计，还从事网站插画和包装设计工作。Nishimata Hiroshi 制作的布料触感轻柔，令人感到身心放松，他想要通过设计向消费者传递图案的快乐。

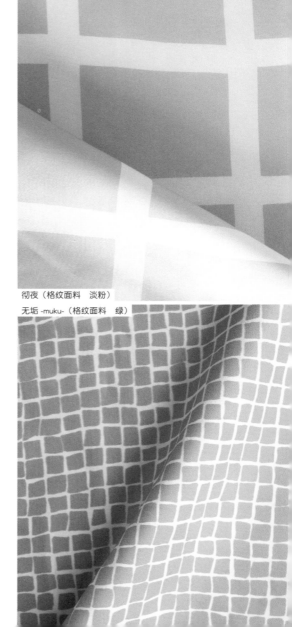

彻夜（格纹面料　淡粉）

无垢 -muku-（格纹面料　绿）

:camera: hiroshi_nishimata

:shop: nunocoto fabric

五十音図（格纹面料　红色系）

原野之花（条纹面料 白底）

环绕（鸟纹面料）

日光（条纹面料　黄底）

风平浪静（条纹面料）

nunocoto fabric

材质：牛津布（100% 棉）

这是由人气纺织品设计师和插画师所设计的有关原创布料的网站。nunocoto fabric 每天都会更新关于手工艺乐趣的读物，网站上还会介绍布制品与简单的裁缝工艺，以及提供由专业图像绘制者制作的免费成人服饰制图。

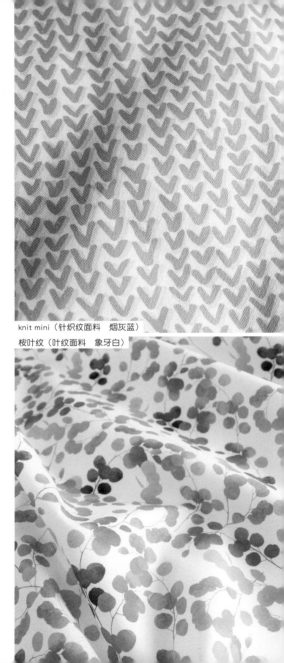

knit mini（针织纹面料　烟灰蓝）

桉叶纹（叶纹面料　象牙白）

📷 nunocotofabric

🏪 nunocoto fabric

leaf（叶纹面料）

摇曳网纹（网纹面料　粉 × 绿）

三角条纹（条纹面料 大号）

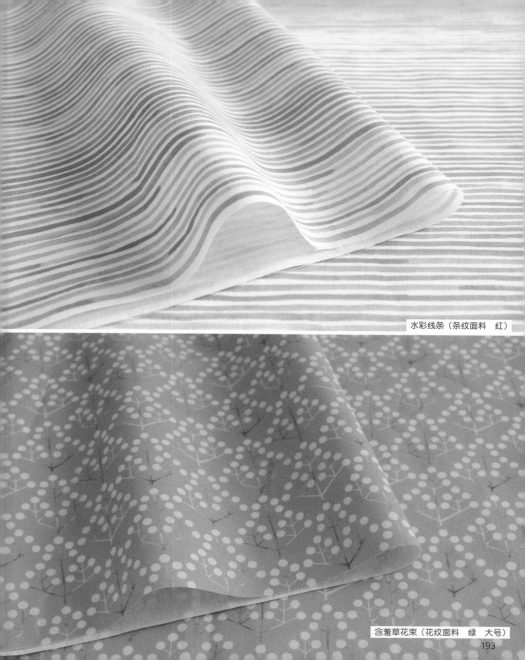

水彩线条（条纹面料 红）

含羞草花束（花纹面料 绿 大号）

nocogou

材质：棉、棉麻

nocogou 以日常生活中常见的"让人放松的形状"为主题绘制图案，采用手工印染的面料生产手帕、钱包、包等布制品。nocogou 专注于将山、树、鸟、花草等身边随处可见的景物融入图案中，制作出让人爱不释手的商品。

鸟儿们（鸟纹面料）

朝露（叶纹面料）

nocogou
nocogou 线上商城

捉迷藏（复杂纹面料）

小枝（树纹面料）

蒲公英（花纹面料）

H/A/R/V/E/S/T
TEXTILE/DESIGN

材质：棉

H/A/R/V/E/S/T 是一个以"大自然的收获"为主题，从设计者个人在旅行中所见的自然风景与诸多情事获得灵感，绘制图像并将它们融入产品的品牌。

📷 midorisanada

🏪 H/A/R/V/E/S/T TEXTILE/
DESIGN 线上商城

bloom（绽放　花纹手帕）

ryosen（旅途　风景纹手帕）

HUTTE HARVEST（小屋　风景纹手绢）

garden（花园　花纹手帕）

Hoshizora no Mori / day（星空下的森林　树纹手帕）

MIHANI

材质：棉、麻

由岸本加也与鹿儿岛丹绪子两人于 2010 年创立的品牌，经营采用丝网印染或型染的原创设计布料。其以生物多样性为主要灵感，设计以昆虫、动植物为主体的图形。从制版、雕版到染色，所有工序都由他们自己亲手完成。MIHANI 坚持布料制作是一门工艺，全心全意制作落落大方而独到的设计。

🅞 mihani_hpfp

A: 春天的脚印 / 室内装饰布
　　采用柔软且略透明的棉布染就

B: 堆叠的染色布料 / 明亮的暖色

C: 手工印染手绢、注染手绢 /"柴犬"
　　"鸟""环尾狐猴""夏天的狼一家""河
　　马"等各种各样的动物图样

D: 雨中的森林 / 染布作品

E: 夏天的空地 / 染布作品

A

B

C

D

E

199

MIMURI

材质：棉

MIMURI 以"将冲绳的风情随身携带"为理念，绘制出五彩斑斓的风景图像与沐浴在冲绳明媚阳光下的动植物等图像，以身边常见的东西制作原创布料。多彩的布料被制作成配饰和包，给消费者带去愉悦的心情。

📷 mimuri_okinawa
🏪 MIMURI 商店（那霸店）
　　MIMURI 线上商城

A

B

A：家
　　采用薄面料制作的撞色布料
B：庭院（小物件）
　　使用 MIMURI 布料制作的包与零钱包等

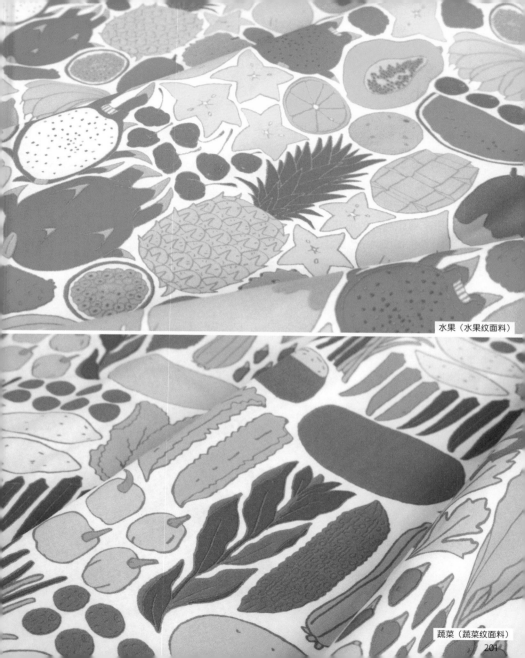

水果（水果纹面料）

蔬菜（蔬菜纹面料）

the linen bird

材质：麻（以比利时老店"LIBECO"等
　　店铺的优秀麻布为底材）

麻制品专卖店 the linen bird 的
第一家店面在东京二子玉川开
设，采用来自比利时的麻布品
牌"LIBECO"的优质麻布为底材，
提供窗帘、床单、厨房用布等
"软家具"。它还销售复古家具、
杂货及其他工艺品，以室内用品
为消费者营造舒心的生活。

Nord（北境　牡蛎灰）

Vanity（浮华　黑马赛克）

[instagram] the_linenbird_home
　　　　　tlb_home

[店] the linen bird home 二子玉川
　　the linen bird 北滨
　　TLB home 六本木

202

Heritage（传承　牡蛎灰 / 麻原色 / 烟灰）

Maora（毛拉海滩　条纹面料）

Napoli（那波利　瑞典蓝）

203

Borås Cotton

材质：棉

Borås Cotton 是一家在北欧有百年以上历史的品牌，以"织物的艺术"（Art on Fabric）为主题，提倡制作具有高设计感的布料。有很多与日本的住宅十分相宜的设计，可以作为家里的亮点。

📷 FIKA DECOR
🏬 FIKA DECOR 静冈
　 FIKA DECOR 富士
　 FIKA DECOR 线上商城

Birdland（鸟的世界　复杂纹面料）
Twitter II（扭曲　曲纹面料）

Camilla（卡米拉　花纹面料）

Fagringstor（海市蜃楼　花草纹面料）

Malaga（马拉加　几何纹面料）

205

KAUNISTE
FINLAND

材质：麻 55%，棉 45%

才华横溢的北欧设计师与在布料方面拥有丰富知识的匠人碰撞，纺织品牌 KAUNISTE FINLAND 在芬兰首都赫尔辛基诞生了。2018年 10 月，此品牌的第一家日本旗舰店在东京的"自由之丘"开业。

kaunistejp
kauniste_finland

店 KAUNISTE 自由之丘店
ILLUMS 横滨店
krone-hus 镰仓店
SEMPRE IKEBUKURO
Objects by so many years
涩谷 Hikarie ShinQs 店

Sunnuntai（星期日 花纹面料）

Lauttasaari（劳塔萨里 鸟纹面料）

Potpourri（百香花　花纹面料）

Orvokki（三色花　花纹面料）

Helsinki（赫尔辛基　建筑纹面料）

KINNAMARK

材质：100% 棉

麻 55%，棉 45%

（仅 BJÖRNBÄRSBLOMMA）

KINNAMARK 是一家创建于 1887
年的瑞典布制品品牌，总部位于
以生产布制品闻名的瑞典西海岸
哥德堡。KINNAMARK 生产的布
料以印花为主，此品牌也与各种
设计师合作，深受斯堪的纳维亚
半岛文化的影响。产品设计风格
涵盖古典和时尚，让消费者享受
到多彩斑斓的布料的美。

Kinnamark

店 FIQ

cortina

LUNE D'EAU

BJÖRNBÄRSBLOMMA（黑莓花　花纹面料）

CAPRI（卡布里岛　花纹面料）

KLIPPAN

材质：棉、麻

这是芒努松家族在 1879 年于瑞典南部一个小镇中创立的品牌。芒努松家族五代人始终专注于提供最高品质的安全布料，使得 KLIPPAN 成为广受世界喜爱的品牌。KLIPPAN 的技术传承 140 多年，以精心挑选的材料和工艺赢得了设计师的信赖，自 1992 年以来，此品牌已经与 20 多名设计师展开了合作。

klippan_japan
店 ecomfortHouse

雪伍德森林（鸟纹面料）
赫尔辛基条纹（条纹面料）

Alma（阿尔马 花纹面料 蓝）

Leksands kommun（莱克桑德 花纹面料 绿）

Fraken（弗兰肯 草纹面料）

211

Fine Little Day

材质：棉、麻

这是以瑞典第二大城市哥德堡为据点展开经营活动的室内装饰、生活用品品牌，Fine Little Day 的伊丽莎白·敦克既是艺术家，也是摄影师，其以独特的视角观察日常生活，并写在博客里，广受大众欢迎，并被 Vogue Living（《时尚生活》）等媒体介绍，获得过许多奖项。

WATER LILLIES（水芙蓉纹面料　芥末黄）

SWAN（天鹅纹毛毯）

nordictriangle

店 Nordic Design Store CUSHiON

coritina

nest

HAFEN

GRAN（树纹面料　半麻布　白×黑）

BJÖRN（熊纹靠枕套）

BARR coated cotton（杂样纹涂层棉布）

ART GALLERY FABRICS JAPAN

材质：100% 棉

ART GALLERY FABRICS 是成立于 2004 年的新兴纺织品牌，总部位于美国佛罗里达州的迈阿密。品牌制品采用 100% 优质棉制作，触感柔软，特点是具有优秀的设计感和缤纷的色彩，深受全世界喜爱。哪怕轻轻一触，你也能够感受到它与其他布料的差异。

店 FELI-DA

Poppy Reflections（罂粟印象　罂粟纹面料）
Lantana Teal（蓝底马缨丹　马缨丹纹面料）

※ Botanist's Poem、West End Blooms 于 2019 年 5 月发售，Poppy Reflections 于 2019 年 7 月发售，Junglen Jolly 于 2019 年 8 月发售。

Botanist's Poem（植物学家之诗　花纹面料）

West End Blooms（绽放　花纹面料）

Junglen Jolly（欢乐丛林　复杂纹样面料）

Floral Pops Cherry（樱与花　花纹面料）

215

PART1
制作协助

三津友子

三津友子是一名景观设计师、室内装饰设计师，毕业于日本多摩美术大学设计系，后加入苏富比有限公司（现苏富比联盟），从事橱窗展示和摄影造型等工作。现为自由职业者，除了主要的景观展示业务，还时常在杂志、书籍以及网络上向大家分享一些通过家装使生活更舒适的点子。

🅾 mitsumatomoko

大池那月

出生于日本静冈县，从日本文化服装学院造型系毕业后，做过 5 年的助理工作，于 2015 年独立创业，主要从事广告与书籍设计的工作。

H TOKYO

H TOKYO 是一家面向男性的手帕专卖店，选用各种优质面料，如滨松和西胁等地的日本面料，由日本与海外艺术家联合设计，主要在横滨染色制作。

🅾 old_fashioned.press

※ 商品可能会断货，因此网站上架的手帕不一定能够订购成功，望周知。

FIQ

这是一家"追求面料可能性的布料加工工作室。""布"是一种材料，只有经过人类加工才能成为"产品"。 我们开店是为了让人们更多地了解布的可能性和奇迹，我们欣赏、享受、品味和设计着布。它包裹着我们的生活，从平面到立体，自由变换。我们提供产品和服务，让客户根据自己的感觉找到适合自己的生活方式，不为类别所限制。

📷 fiq_online

m's 工房

这是一家经营印度、泰国、巴基斯坦等亚洲国家传统布料及手工艺品的专营店，经营范围涵盖印度民族服饰、巴基斯坦刺绣、泰国丝绸、印度拉利拼布、印尼巴迪布、麻布等亚洲布料和刺绣品，以及在当地购买的稀有手工艺品。

📷 monchichi1124
f msselect.koubou

梦须美（风吕敷专营店）

梦须美是京都风吕敷制作商山田株式会社所经营的官方店铺。其倡导兼具实用性、设计性，乃至礼仪性等"日本特质"的设计，并将这种风格融入现代生活。梦须美通过这种方式，传播面向未来的文化。此外，该品牌每个月还会举办风吕敷研讨会。

📷 furoshiki_musubi

SANKAKU QUILT

SANKAKU QUILT 是一家由平面设计师橘川千子和手提包设计师本城能子合作创立的品牌。制品由三角形布料缝制而成，涵盖钱包、手提包等日常生活中常见的时尚品或室内装饰品。此品牌以工作坊为中心，设计在日常生活中可以使用的物品。

🔘 sankakuquilt

大槌复兴刺绣项目

在东日本大地震中，大槌这片土地上，许多人失去了工作，失去了家园，失去了重要的人，这里百废待兴。大槌复兴刺绣项目是 2011 年由当地女性踏出的重要一步，希望以刺绣为媒介，重建当地人引以为豪的城镇。

🔘 ootsuchisashikoproject

Lino e lina

立陶宛以历史悠久的麻布产地而闻名。Lino e lina 采用天然麻原料，制作出"生物"般的织品，将布料的温暖带给人们，越触碰，越会喜欢上这种布料，并用这种布料制作日常服饰和各种配饰。随着 lino e lina 独有的布料走进人们的生活，我们的生活将变得更加多彩，这也是 Lino e lina 的目标。

🔘 lino_e_lina

※ 所载内容截至 2019 年 4 月。

参考文献

《布料用语辞典》
（成田典子　著，Textile-Tree 社　出版）

《民间工艺教科书②染·织》
（久野惠一　监制，萩原健太郎　著，graphic 社　出版）

《和服纹样：品质与季节一目了然》
（社团法人全日本和服振兴会·藤井健三　监制，世界文化社　出版）